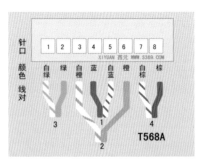

图 2-14 T568A 接线图

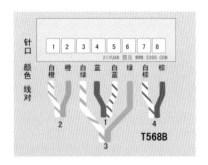

图 2-15 T568B 接线图

图 2-22 西元实训
装置发卡器

图 2-23 光学式指
纹采集器

图 2-26 红外对射探测器

图 2-32 常见的人行通道闸

U0316667

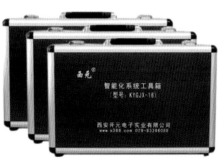

图 2-33 西元智能化系统工具箱

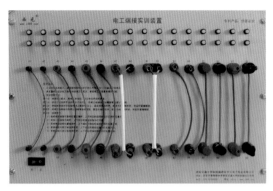

图 2-57　西元电工端接实训装置

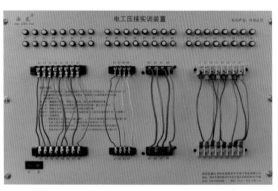

图 2-60　西元电工压接实训装置

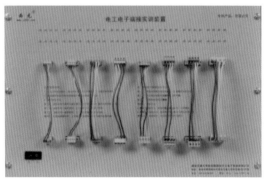

图 2-65　西元电工电子端接实训装置

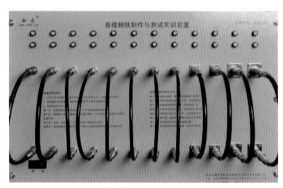

图 2-67　音视频线制作与测试实训装置

图 3-19　实训工具

图 3-20　西元 XY786 材料盒

①剥除外护套，
剪掉撕拉线

②拆开4个线对，
按T568B捋直

③剪齐线端，留
13 mm

④将刀口向上，
网线插到底

⑤放入压线钳，
用力压紧

⑥保证线序正确，
检查压住护套

图 3-22　水晶头端接步骤和方法示意图

①剥除外护套，
剪掉撕拉线

②按T568B位置
排列线对

③将线对按色谱
标记压入刀口

④将压盖对准，
用力压到底

⑤用斜口钳剪掉线
端，小于1 mm

⑥线序正确，压
盖牢固

图 3-23　网络模块端接步骤和方法示意图

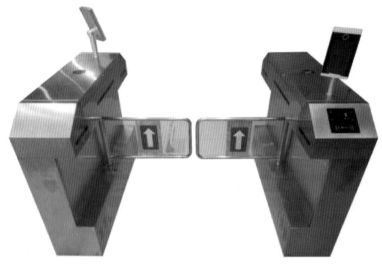

图1-2 西元小区出入控制道闸系统实训装置

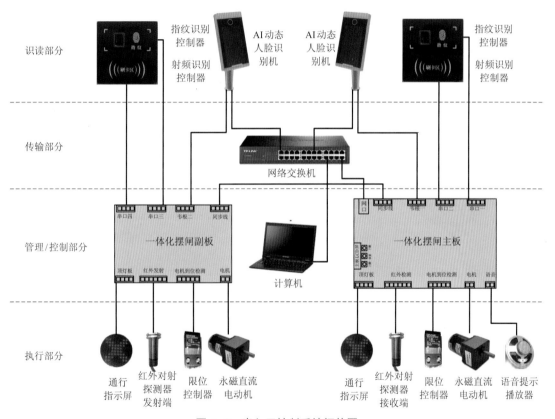

图1-3 出入口控制系统拓扑图

（a）主视图

图 1-14 西元地铁出入控制道闸系统实训装置

（a）左视图

图 2-56 西元高铁人流控制转闸系统实训装置

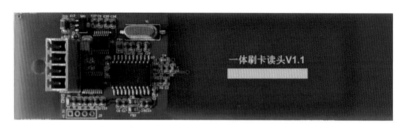

图 2-1 射频识别控制器

（a）实物图

图 2-4 指纹识别控制器

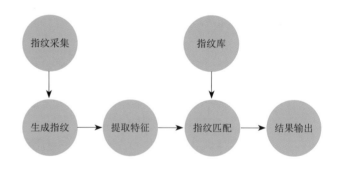

图 2-7 典型的指纹识别过程

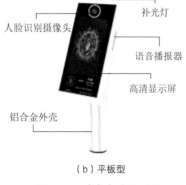

（b）平板型

图 2-8 动态人脸识别机

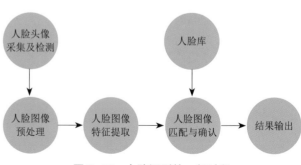

图 2-10 人脸识别的一般过程

智能建筑工程实用技术系列丛书

出入口控制系统工程实用技术

王公儒　主　编

艾　康　副主编

中国铁道出版社有限公司
CHINA RAILWAY PUBLISHING HOUSE CO., LTD.

内 容 简 介

本书以典型案例为基础，围绕相关国家标准、专业知识和技术技能编写，能够满足出入口控制系统工程项目的规划设计、施工运维需求，以及专业技术技能培训的教学实训需求。

本书内容按照典型工作任务和工程项目流程，结合编者多年智能建筑项目的实践经验精心安排，突出项目设计和岗位技能训练。全书共7个单元，安排有10个典型案例和15个实训项目。全书内容系统全面、循序渐进、层次清晰、图文并茂、好学易记、实用性强。

本书是全国智能系统工程师职业技能培训指定教材，适合作为高校和职业院校智能建筑类、计算机应用类、物联网类等专业的教学实训教材，也可作为智能建筑行业、安全防范行业的工程设计、施工安装与运维等专业技术人员的工具书。

图书在版编目（CIP）数据

出入口控制系统工程实用技术/王公儒主编. —北京：
中国铁道出版社有限公司，2020.7（2024.1重印）
（智能建筑工程实用技术系列丛书）
ISBN 978-7-113-26725-4

Ⅰ.①出… Ⅱ.①王… Ⅲ.①智能化建筑-安全设备-
自动控制系统-技术培训 Ⅳ.①TU899

中国版本图书馆CIP数据核字(2020)第078343号

书　　　名：出入口控制系统工程实用技术
作　　　者：王公儒

策　　　划：翟玉峰	编辑部电话：(010) 51873135

责任编辑：翟玉峰　李学敏
封面设计：崔　欣
责任校对：张玉华
责任印制：樊启鹏

出版发行：中国铁道出版社有限公司（100054，北京市西城区右安门西街8号）
网　　址：http://www.tdpress.com/51eds/
印　　刷：北京铭成印刷有限公司
版　　次：2020 年 7 月第 1 版　2024 年 1 月第 2 次印刷
开　　本：787 mm×1 092 mm 1/16　印张：11.5　插页：2　字数：278 千
书　　号：ISBN 978-7-113-26725-4
定　　价：36.00 元

智 能 建 筑 工 程 实 用 技 术 丛 书

在智慧安防、智慧社区、智慧城市建设需求日益增长的今天，行业急需熟悉出入口控制系统的专业技术和高技能人才，急需大量出入口控制系统工程的规划设计、安装施工、调试验收和运维等专业人员。出入口控制系统、停车场系统、可视对讲、视频监控、入侵报警、智能家居等已经成为相关专业的必修课程或重要的选修课程，也为高校和职业院校人才培养和学生对口就业提供了广阔的行业和领域。

本书融入和分享了编者多年研究成果和实际工程经验，以快速培养出入口控制系统等智能建筑专业急需的规划设计、安装施工、调试验收和运维等专业人员为目标。首先以看得见、摸得着的小区出入控制道闸系统实训装置和典型工程案例开篇，图文并茂地介绍了常用器材和工具，精选最新出入口控制系统相关标准，结合案例讲述；然后详细介绍了出入口控制系统的规划设计、施工安装、调试与验收等专业知识；最后专门安排了出入口控制系统的工程管理。全书循序渐进，层次清晰，图文并茂，好学易记。

全书按照从点到面、从理论到技术技能的叙述方式展开，每个单元开篇都有学习目标，首先引入基本概念和相关知识，再给出具体的技术技能方法，最后给出了典型工程案例，每个单元都配有习题、实训项目等。全书共分7个单元，单元1～单元3通过西元小区出入控制道闸系统实训装置认识出入口控制系统，认识常用器材和工具，熟悉常用标准。单元4～单元6介绍了工程设计、施工安装和调试验收等工程实用技术和技能方法。单元7介绍了工程管理方法、常用表格和实践经验。各单元的主要内容如下：

单元1　认识出入口控制系统，结合西元小区出入控制道闸系统实训装置和典型案例，帮助学生快速认识出入口控制系统，掌握基本概念和相关知识。

单元2　出入口控制系统常用器材与工具，以图文并茂的方式介绍了常用器材与工具。

单元3　出入口控制系统工程常用标准，介绍了有关国家标准和行业标准。

单元4　出入口控制系统工程设计，重点介绍了出入口控制系统工程的设计原则、设计任务、设计方法和主要设计内容，并给出了相关典型案例。

单元5　出入口控制系统工程施工安装，重点介绍了出入口控制系统工程施工安装的相关规定和工程技术，并给出了相关典型案例。

单元6　出入口控制系统工程调试与验收，重点介绍了出入口控制系统工程调试与验收的关键内容和主要方法，并给出了相关典型案例。

单元7　出入口控制系统工程管理，介绍了出入口控制系统工程项目管理内容和主要措施与方法、常用表格和文件，并给出了相关典型案例。

本书采用企业、学校、标准融合方式编写，由西安开元电子实业有限公司牵头，邀请全国多所院校一线专业课教师参加，围绕最新工程标准和典型工作任务需求编写。由西安开元电子实业有限公司王公儒担任主编，西安开元电子实业有限公司艾康担任副主编，西安开元电子实业有限公司蒋晨、樊果、赵志强、党晓兵参编。具体编写分工如下：王公儒规划了全书框架结构和主要内容，并且编写了单元1、4、5，艾康编写了单元2、3、6、7，蒋晨、樊果、赵志强、党晓兵等整理和编写了典型案例、练习题等。

在本书编写过程中，陕西省智能建筑产教融合科技创新服务平台和西安开元电子实业有限公司等单位提供了资金和人员支持，西安市总工会西元职工书屋提供了大量的参考书，在此表示感谢。

本书编写中参考了我国多个国家标准的资料，也有少量图片和文字来自厂家的产品手册或说明书，部分典型案例来自网络，在交稿前没有联系到原作者，在此表示感谢，如涉及知识产权问题，请联系本书作者，也欢迎相关单位提供最新技术和产品信息，在本书改版时丰富内容，推动行业发展。

本书配套有PPT课件和大量的教学实训指导视频，请访问www.s369.com网站/教学资源栏或者中国铁道出版社有限公司网站www.tdpress.com/51eds/下载。

由于出入口控制系统是快速发展的综合性学科，希望与读者共同探讨，持续丰富和完善本书内容。编者邮箱：s136@s369.com。

2020年2月

目 录

单元 ①

认识出入口控制系统

本单元首先介绍了出入口控制系统的基本概念、主要组成部分和工作原理，然后介绍系统特点和应用，最后安排了典型案例和实训，帮助读者快速认识和了解出入口控制系统。

学习目标：
- 掌握出入口控制系统的基本概念。
- 掌握出入口控制系统的基本组成及工作原理。
- 了解出入口控制系统的发展。

1.1 出入口控制系统概述

1.1.1 出入口控制系统的基本概念

出入口控制系统是安全技术防范系统的重要组成部分，是采用现代电子技术与信息技术，对建筑物、建筑群、特殊场所等出入目标实行管制的智能化系统，其目的是为了有效地控制人员（物品）的出入，并记录所有进出的详细情况，实现对出入口的安全管理。

国家标准 GB 50348—2018《安全防范工程技术标准》中定义为："出入口控制系统（Access Control System，ACS）是利用自定义符识别和（或）生物识别等模式识别技术对出入口目标进行识别，并控制出入口执行机构启闭的电子系统"。出入口控制系统控制的目标包括人和物，在智能建筑安全防范管理系统中主要控制的是人，该系统通常又称为门禁系统。

1.1.2 出入口控制系统的发展

出入口控制系统是在传统的门锁基础上发展而来的，随着社会的发展和科学技术的进步，出入口控制系统也得到了不断的发展和完善。发展至今，已经出现了各种应用技术的出入口控制系统，例如，除了传统的密码识别和感应卡识别控制方式外，现在普遍应用的还有指纹识别、人脸识别等生物特征识别控制方式，以及二维码、蓝牙、Wi-Fi 等新形式识别控制方式。

我国的出入口控制系统发展过程经历了以下几个过程：

（1）1994 年 RFID 卡（射频卡）进入中国，引发了中国 RFID 卡的应用革命，其应用领域越来越广泛，涉及各行各业。

（2）为适应 RFID 系统发展的需求，RFID 卡经历了磁卡、接触式 IC 卡、非接触式 ID 卡、非接触式可读写 IC 卡的变革。

（3）为了适应高安全性的要求，出入口控制系统经历了密码识别、RFID卡识别、生物识别、新型技术识别等系统的变革。

（4）为了适应智慧社区、智能建筑的安防系统，出入口控制系统由单一的门禁功能，发展到门禁、考勤、消费、巡更、访客管理、电梯控制等综合性出入口控制系统。

（5）为了适应远距离感应的要求，国内出现了有源卡、微波卡等远距离感应系统。

基于出入口控制系统的技术特点和其特有的防护作用，近年来无论是用户方还是产品开发商，对出入口控制系统的改进和升级都加大了需求，出入口控制系统的技术也因此得到了前所未有的发展，其主要发展趋势如下：

1）出入口控制系统的发展目标为利用人体生物特征作为识别凭证

出入口控制系统的实现从最初的钥匙、密码、卡片到现今流行的生物识别，其所要实现的目标是更安全、更方便。传统的身份识别方式是根据人们知道的内容（如密码）或持有的物品（如身份证、卡、钥匙等）来确认身份，但存在可被复制、破解、丢失等诸多安全漏洞。而利用人体生物特征来作为身份识别，有着"人各有异、终身不变"和"随身携带"的特点，能够克服传统方法带来的不足。近几年来，基于人体生物特征识别技术的指纹识别、人脸识别、掌纹识别、静脉识别等出入口控制系统已广泛应用于一些高档住宅小区和重要单位。今后以人体生物特征的出入口控制系统会很快替代传统的出入口控制系统。

2）出入口控制系统的发展趋势为继续扩展使用范围与系统整合

现在的出入口控制系统已经出现了许多增值功能，如可进行门禁、考勤、消费、巡更、访客管理、电梯控制、停车场、媒体发布等功能，其应用范围将在门禁控制的基础上不断扩展，成为城市物联网的一种重要的技术支撑点。在安防领域，出入口控制系统与视频监控、入侵报警、停车场等安防系统将融合成一套多维度全方位的系统，实现一站式服务。

3）出入口控制系统的新需求

不同应用环境场所的需求不同，不同应用技术的优缺点各异，量身定制、多技术应用也将成为出入口控制系统的新需求和新应用。如无线通信技术新需求，比较适合分散性多幢建筑物、老建筑群、历史重点保护建筑等不方便施工布线的环境场所；高安全性新需求，一般都采用双识别增加安全性，例如，人脸+刷卡双识别、密码+指纹双识别等双技术识别或多技术识别的应用，努力提高用户多系统安全性的需求；结合移动设备的新需求，例如结合二维码、NFC、APP等技术的应用。

出入口控制系统的作用和效果是其他安全防范设施所不能替代的，其功能和作用也深受广大用户的青睐。从目前的发展趋势看，为有效预防犯罪活动，安装出入口控制系统必将成为用户的首选，出入口控制系统的拥有量也会越来越多，将会得到快速的发展和广泛的应用。

1.2　出入口控制系统简介

1.2.1　出入口控制系统的基本组成

出入口控制系统主要由凭证、识读部分、传输部分、管理/控制部分和执行部分组成，如图1-1所示为出入口控制系统逻辑构成示意图。

图 1-1   出入口控制系统逻辑构成示意图

　　西元小区出入控制道闸系统实训装置,按照工程实际应用典型案例,精选和搭建了一套完整的出入口控制系统,能够帮助人们清楚直观地认识各部分设备和布线系统,非常适合教学与实训。因此,本节我们以图 1-2 所示的西元小区出入控制道闸系统实训装置产品设备和图 1-3 所示的出入口控制系统拓扑图为例,直观和详细介绍出入口控制系统的基本组成和工作原理。

图 1-2   西元小区出入控制道闸系统实训装置

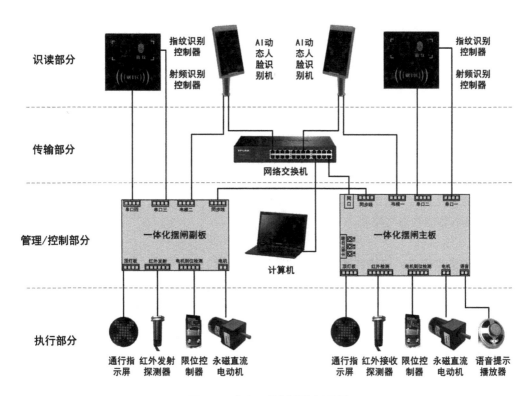

图 1-3   出入口控制系统拓扑图

1. 凭证

凭证又称特征载体，是指目标通过出入口时所要提供的特征信息或载体，当目标需要通过出入口时，系统首先要对其进行身份确认，并确定其出入行为的合法性，只有通过合法授权的凭证，才能通过识读部分的验证，实现出入通行。当前出入口控制系统常见的凭证有密码、卡片和生物特征等。

2. 识读部分

识读部分是能够读取、识别并输出凭证信息的电子装置。识读装置通过适当的方式从凭证读取有关身份和权限的信息，以此识别目标的身份信息和判断其出入请求的合法性。识读部分主要实现目标身份信息识别，完成与中央管理部分的信息交流，对符合放行的目标予以放行，拒绝非法进入。

不同的凭证对应有不同的识读方式，目前常见的识读方式有密码识别、卡识别和生物识别等。如图 1-2 和图 1-3 所示，西元小区出入控制道闸系统实训装置选取了卡识别、指纹识别和人脸识别三种识读方式。射频识别控制器和指纹识别控制器内嵌安装在机箱上部，用于读取识别目标的 IC 卡信息和指纹信息。AI 动态人脸识别机安装在机箱上部，用于采集和识别目标的人脸信息。

3. 传输部分

传输部分负责出入口控制系统信号的传输，包括用于数据传输的各种传输线缆和设备。传输线缆一般包括多芯线电缆、网络双绞线、光纤等；传输设备一般包括网络交换机、光纤配线架、光电转换器等。如图 1-2 和图 1-3 所示，西元小区出入控制道闸系统实训装置通过多芯线电缆完成各底层设备与控制板之间的信息传输，通过网络双绞线和网络交换机完成一体化控制板、人脸识别机与计算机之间的信息传输。

4. 管理 / 控制部分

管理/控制部分是出入口控制系统的管理和控制中心，主要包括一体化道闸控制板、RFID 射频授权控制器、指纹采集器、控制主机及出入口控制系统管理软件等。一体化道闸控制板，接收底层设备发来的信息，并与自身存储的信息进行比对，做出判断和处理，也可接收控制主机发来的指令。

控制主机上安装有出入口系统管理软件，实现对所有控制器的管理，可向它们发出指令、进行设置、接收其信息等，完成系统所有信息的分析和处理。如图 1-2 和图 1-3 所示，西元小区出入控制道闸系统实训装置配套有一体化摆闸主板、一体化摆闸副板及配套的出入口管理软件，实现整个系统的智能管理与控制。

5. 执行部分

执行部分是执行出入口控制系统命令的装置，一般包括指示灯、红外探测器、直流电机、语音提示装置、人行通道闸等。管理控制部分根据凭证的验证结果，发出不同的指令，执行部分完成对应的动作，实现出入口的智能控制。如图 1-2 和图 1-3 所示，西元小区出入控制道闸系统实训装置配套安装有通行指示屏、红外对射探测器、电磁限位控制器、永磁直流电动机、语音提示播放器、摆闸等执行设备。

1.2.2　出入口控制系统的工作过程

出入口控制系统的工作过程就是目标完成出、入道闸的过程，主要包括凭证授权、凭证识读、道闸开启、目标通过、道闸关闭等。下面以西元小区出入控制道闸系统实训装置为例，对出入口控制系统的基本工作原理做简单介绍。人员可通过卡识别、指纹识别和人脸识别三种识别方式完成道闸系统的出入行为，实现对出入口控制系统的全面认知、操作和体验。

1. 凭证授权

目标需要通过出入口时，必须具备已授权的凭证。出入口管理人员需要将合法目标的凭证，在出入口控制系统管理软件中提前进行录入，内容一般包括目标的基本信息（姓名、性别、编号等），对应的凭证信息（如IC卡、指纹、人脸等）。目标的相关信息确认无误并录入后，即可对该凭证进行授权，授权就是将凭证的相关信息下发存储到前端控制器中。

2. 凭证识读

当目标需要通过道闸时，需将其凭证置于识读装置的识读范围中，如将卡片贴近识读区、手指置于指纹识别窗口、人脸面向人脸识别机摄像头等。当凭证进入识读范围时，识读装置便会识别采集凭证的相关信息，并将采集的信息发送给控制器。

3. 道闸开启

控制器接收识读装置发送来的信息，与存储的合法信息进行对比，并做出判断和处理。当没有找到与之匹配的信息时，摆闸不动作，并发出语音提示，禁止目标通行；当找到与之匹配的信息时，控制器给执行机构发出有效控制信号，通行指示灯变为绿色箭头通行标志，同时系统发出设定语音通行提示，控制器控制电机运转，限位开关控制电机转动角度，摆闸打开，允许目标通行。

4. 目标通行

道闸开启后，目标根据通行指示灯标志通过通道区域。红外对射探测器实时感应目标经过通道的全过程，并不断向主控板发出信号，控制器保持摆闸处于开启状态，直至目标已经完全通过通道。

5. 道闸关闭

当目标完全通过通道后，红外对射探测装置向控制器发出关闸信号，控制器控制摆闸动作，关闭通道，目标通过道闸系统。

1.2.3 出入口控制系统的控制方式

一个功能完善的出入口控制系统，必须对系统的控制方式进行明确的设置管理。例如，按什么规则进行管理和控制，允许哪些目标出入，允许他们在哪些日期和时间内出入，允许他们可以出入哪些通道等。

出入口控制系统常见的控制方式有以下几种：

1. 入口单向控制

目标人员在进入控制区域时，需要由出入口控制系统识别验证身份，只有合法授权的人员才能进入；该人员需要离开时，不需要进行身份验证即可离开。这种方式系统只能掌握何人在何时进入该区域。如一些小区出入口控制系统，人员在进入时需要识别验证身份，而离开时只需要按下开门按钮即可。

2. 进出双向控制

目标人员在进入和离开控制区域时，都需要由出入口控制系统识别验证身份，只有合法授权的人员才允许出入。这种方式使系统除了掌握何时何人进入该区域外，还可以了解何人何时离开，当前有谁、有多少人在该区域内。

3. 多重控制

在安全性要求比较高的区域，出入时可设置多重识别，或一种识别方式进行多重验证，或采用两种或两种以上不同的识别方式重叠验证等。只有在各次、各种鉴别都验证合格的情况下才容许通过。

4. 出入次数控制

可对目标人员限制出入次数，当其出入次数达到限定值后，该人员将不再允许通行。

5. 出入日期／时间控制

对目标人员的允许出入日期、时间进行限制，在规定日期和时间之外，不允许出入，超过限定期限也将被禁止通行。例如，一些企业可通过该控制方式，限制员工的出入权限，非上班时间不能出入公司，员工迟到半个小时不能进入等。

1.3 出入口控制系统的特点和应用

1.3.1 出入口控制系统的特点

出入口控制系统能有效地控制人员（物品）的出入，并记录其进出的详细情况，实现对出入口的安全管理，是现代物业、安保管理的理想解决方案。

1. 设备结构多样

出入口控制系统根据其应用场合及功能需求的不同，设备结构也是多种多样。目前常见的结构有三辊闸、十字闸（转闸）、摆闸、翼闸等。

2. 识别方式多样

不同种类的目标具有各自不同的特点，决定了出入口控制系统识别方式的多样性。同一种类的出入目标，也会因对出入安全的要求不同、使用环境的不同、管理需求的不同，而对识别方式有多种需求。目前出入口控制系统常见的识别方式有密码识别、射频卡识别、身份证识别、指纹识别、人脸识别、二维码识别等。

3. 应用领域广泛

出入口控制系统是集物防、技防和人防功能为一体的防范设施，从防范效果上可以说是安全技术防范系统中最有效的防范手段之一，可以把企图作案的嫌疑人拒之门外，把预防犯罪重点放在事前。所以，出入口控制系统在智慧城市建设中的作用和地位显得越来越重要和突出，已广泛应用于社区、办公大楼、企业园区、车站、景区等场景中。

4. 功能扩展广泛

出入口控制系统除了能满足出入口扩展的基本功能需求外，在实际应用中，还能扩展满足人们日常管理工作的需要，如人员考勤、安保巡更、人员身份核实、出入流量统计等。这一特点在与视频监控、入侵报警等其他安防技术系统比较而言，显得尤为突出。

1.3.2 出入口控制系统的类型

在科技高速发展的今天，出入口控制系统已被广泛用于各行各业，凡是有出入口的地方，都可以安装出入口控制系统进行人员出入管理，以下为常见的几种应用场合：

1. 小区出入口控制系统

随着人们安全意识的增强，现在住宅小区的人行出入口都会安装出入口控制系统，用于管理出入小区的人员，以加强社区的安全管理和提升住户对小区的安全感、居住体验，如图1-4所示。

图1-4　小区出入口控制系统

2. 地铁出入口控制系统

地铁出入口控制系统是出入口控制系统的一项特殊应用。它的作用是对乘客进行出入控制并进行收费，所有乘客必须在出口扣费后才能通过，如图1-5所示。地铁出入口控制系统一般结合地铁卡、乘车二维码等使用，完成乘客的出入口控制管理。

图1-5　地铁出入口控制系统

3. 车站出入口控制系统

在公共交通领域，如火车站、高铁站、汽车站等，这些场合人流量大、人工管理耗时耗力、且存在安全漏洞，目前已广泛使用了出入口控制系统，如图1-6所示。车站出入口控制系统一般结合人脸识别、身份证、车票等制定多合一的系统方案，帮助旅客快速自助验证通行。

图1-6　车站出入口控制系统

4. 办公场所出入口控制系统

在商业写字楼领域，企业对人员管理和频繁地出入控制有着强烈的需求，出入口控制系统得到了广泛应用，结合考勤、登记功能，对内部员工与访客进行管理，增强企业的管理水平，如图1-7所示。

图1-7　办公场所出入口控制系统

出入口控制系统除了以上四个应用领域外，还可以用于政府机关、工厂、景区、学校、银行、游乐场、休闲场所等。出入口控制系统不仅降低了人力管理成本，还提高了管理效率和安全等级，同时给人们建立了一个方便快捷的智能环境。

典型案例 1　常见的人行出入口通道闸

人行出入口通道闸根据其应用场合及功能需求的不同，可分为无拦挡式和拦挡式两种类型。无拦挡式设备由控制部分、人员通行检测部分、视觉/听觉指示部分和接口组成，拦挡式包括以上部分外，还包括驱动部分和拦挡部分。

1. 无拦挡式

无拦挡式设备没有驱动机构和拦挡部分结构，安装该设备的通道一直处于无栏档状态，常称为无障碍人行通道闸，如图1-8所示。管理和引导人员有序通行过程中，允许通行状态和禁止通行状态通过不同的视觉/听觉指示人员通行，禁止通行状态强行通行时，设备报警。该通道闸一般通过红外感应的方式检测过往人员，达到无障碍通行，或直接统计人流量的目的，适合于对通行效率以及整体美观性要求较高的场合。

图 1-8　无障碍人行通道闸

2. 拦挡式

拦挡式设备根据其拦挡部分的构造，可分为挡杆式和挡板式两种类型。

1）档杆式

档杆式主要包括一字闸、三辊闸、十字闸等。

（1）一字闸是早期的闸机之一，拦挡部分是一根金属杆，通过闸杆的上下运动或者前后摆动实现出入口的拦阻和放行，如图1-9所示。一字闸可用于各种收费、门禁场合的入口通道处，如地铁闸机系统、收费检票闸机系统等，但由于其闸杆是在同一垂直平面内90°升落，易伤到行人，因此逐渐被淘汰。

图 1-9　一字闸

（2）三辊闸也叫三棍闸，拦挡部分由3根金属杆组成空间三角形，通过旋转实现出入口的拦阻和放行，如图1-10所示。三辊闸的人员通行检测主要通过其拦挡部分结构和角位检测共同完成，拦挡部分的运动形态沿着一个固定斜角的轴心进行滚动旋转。三辊闸适用于需要行人有序通行的各类公共场所，如景区、展览馆、电影院、车站、工地等。

图 1-10 三辊闸

（3）十字转闸也简称为转闸，由三辊闸发展而来，借鉴了旋转门的特点，拦挡部分一般由 4 根金属杆组成平行于水平面的"十"字形，通过旋转实现出入口的拦阻和放行，如图 1-11 所示。十字转闸的人员通行检测功能可以通过其拦挡部分结构和角位检测共同完成，也可以采用红外等技术实现，其拦挡部分运动形态为水平旋转。根据拦挡部分高度的不同，分为全高转闸和半高转闸，适用于无人值守、对通行秩序和安保要求较高的场合，如体育馆、监狱、车站、军事管理区、化工厂、建筑工地等。

图 1-11 十字转闸

2）挡板式

挡板式主要包括摆闸和翼闸等。

（1）摆闸拦挡部分的形态是具有一定面积的平面，垂直于地面，通过旋转摆动实现出入口的拦阻和放行，如图 1-12 所示。摆闸的拦挡部分运动形态为前后水平摆动，人员通行检测功能采用红外等无线技术实现，适用于对通道宽要求比较大的场合，包括携带行李包裹的行人或自行车较多的场合，以及行动不便者专用通道，如小区、学校、企业、工厂、超市等。

图 1-12 摆闸

（2）翼闸又称速通门，其拦挡部分一般是扇形或矩形平面，通过伸缩实现出入口的拦阻和放行，如图 1-13 所示。翼闸的拦挡部分运动形态为垂直于通行方向运动，人员通行检测功能采用红外等无线技术实现。根据拦挡部分拦挡尺寸的不同，可分为一般翼闸和全高翼闸，适用于人流量较大的场合，如机场、地铁、车站、景区、学生宿舍、企业等。

图 1-13　翼闸

典型案例 2　地铁出入控制道闸系统实训装置

1. 典型案例简介

为了加深读者对出入口控制系统的认知，以西元地铁出入控制道闸实训装置为典型案例，介绍出入口控制系统的基本组成。图 1-14 所示为西元地铁出入控制道闸系统实训装置，该装置为全钢结构，开放式设计，精选了翼闸控制柜、AI 动态人脸识别机、RFID 射频识别控制器等多种地铁出入控制道闸设备，配置了完善的软件系统，能进行硬件安装实训和软件调试实训操作，同时配套有对应的系统结构图、接线图等，如图 1-15 和图 1-16 所示，可清晰直观地展示教学与实训。

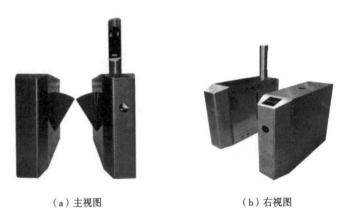

（a）主视图　　　　　　　　　　（b）右视图

图 1-14　西元地铁出入控制道闸系统实训装置

主视图　　　　　　　　　　左视图　　　　　　　　　　俯视图

图 1-15　西元地铁出入控制道闸系统实训结构图

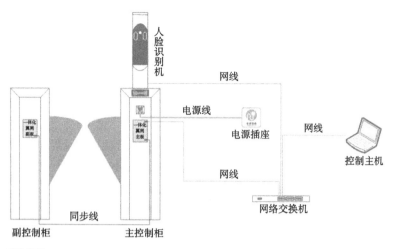

线缆说明:
1. 识读设备与控制器之间的通信用信号线宜采用多芯屏蔽双绞线。
2. 门磁开关及出门按钮与控制器之间的通信用信号线,线芯最小截面积不宜小于0.50 mm²。
3. 控制器与执行设备之间的绝缘导线,线芯最小截面积不宜小于0.75 mm²。
4. 控制器与管理主机之间的通信用信号线宜采用双绞铜芯绝缘导线,其线径根据传输距离而定
线芯最小截面积不宜小于0.50 mm²。

图1-16　西元地铁出入控制道闸系统接线图

西元地铁出入控制道闸系统实训装置的技术规格与参数如表1-1所示。

表1-1　西元地铁出入控制道闸系统实训装置技术规格与参数表

类别	技术规格		
产品型号	KYZNH-71-5	产品尺寸	1 200 mm × 1 150 mm × 1 555 mm
产品质量	100 kg	电压/功率	交流220 V/150 W
产品主要 配套设备	1. 主控制柜1		2. 副控制柜1台
	3. RFID射频授权控制器1个		4. AI人脸识别机1台
	5. 同步线1根		6. 配套软件1套
	7. 笔记本电脑1台		8. 网络交换机1台
实训人数	每台设备满足2～4人实训		

2. 地铁出入控制道闸主要配置

1) 主控制柜主要配置

(1) 翼闸控制主板1个。主控制柜内配置和安装有控制主板1个,也是该系统的核心控制部件,用于完成整个道闸系统的智能化控制和管理,其尺寸为110 mm × 165 mm。

(2) 永磁直流控制电机1台。主控制柜内配置和安装有直流电机1台,通过电机的转动控制右翼闸的开启和关闭,整体尺寸为70 mm × 70 mm × 110 mm,其中电动机主体部分尺寸为$\Phi55 × 70$ mm,电压/功率为24 V/20 W,转速为1 800 r/min。

(3) 开闸限位控制器1个。主控制柜内配置和安装有开闸限位控制器1个,用于控制右翼闸的开启停止位置,其尺寸为20 mm × 20 mm × 35 mm。

(4) 闭闸限位控制器1个。主控制柜内配置和安装有闭闸限位控制器1个,用于控制右翼闸的关闭停止位置,其尺寸为20 mm × 20 mm × 35 mm。

(5) 右翼闸1块。主控制柜内配置和安装有右翼闸1块,翼型结构,通过其开启和关闭的动

作实现通道的通行状态控制，其尺寸为 510 mm×275 mm。

（6）红外光栅条探测器1套。主控制柜内配置和安装有红外光栅条探测器1套，包括3段红外光栅条、4个红外探测口，与左控制柜的红外光栅条探测器配套使用，利用红外线检测道闸通道内的行人位置，并起到安全保护作用。

（7）执行机构1套。主控制柜内配置和安装有执行机构1套，连接电机与右翼闸的联动执行装置。

（8）通行通道指示屏1个。主控制柜内配置和安装有通行通道指示屏1个，通过LED屏显示的绿色箭头↙指示道闸通行通道方向，屏幕尺寸为Φ80 mm，控制主板尺寸为100 mm×100 mm。

（9）通行指示屏1个。主控制柜内配置和安装有通行指示屏1个，通过LED屏显示绿色箭头↙或红色叉号×指示可否通行及通行方向，其屏幕尺寸为Φ80 mm，控制主板尺寸为100 mm×100 mm。

（10）RFID射频识别控制器1个。主控制柜内配置和安装有RFID射频识别控制器1个，用于识别读取用户IC卡信息，辨别卡的合法性等，其识别区域尺寸为130 mm×130 mm，控制主板尺寸为170 mm×35 mm。

（11）语音提示播放器1个。主控制柜内配置和安装有语音提示播放器1个，通过语音提示行人通行状态，如欢迎光临、无效票、请勿逆行、请勿非法闯入、欢迎再次光临等，其尺寸为Φ80 mm×30 mm。

（12）交换式直流电源1台。主控制柜内配置和安装有交换式直流电源1台，将交流输入电压转换为直流输出电压，用于系统设备的供电，其尺寸为80 mm×20 mm×100 mm。

（13）漏电保护开关1个。主控制柜内配置和安装有漏电保护开关1个，用于控制整个道闸系统电源通断，同时具有漏电、过载和短路保护功能，其尺寸为60 mm×60 mm×95 mm。

（14）应急电源1台。主控制柜内配置和安装有应急电源1台，当主电源断电时，用于确保道闸动作保持开启状态，其尺寸为100 mm×40 mm×50 mm。

（15）电机安装支架1个。主控制柜内配置和安装有T型电机安装支架1个，全钢结构，用于安装电机、限位控制器等系统设备，其尺寸为210 mm×200 mm×450 mm。

（16）电机安装底座1个。主控制柜内配置和安装有电机安装底座1个，全钢结构，用于安装电机支架，其尺寸为210 mm×300 mm×100 mm。

2）副控制柜主要配置

（1）翼闸控制副板1个。副控制柜内配置和安装有控制副板1个，它为系统的核心控制部件，用于完成左控制柜内道闸系统的智能化控制和管理，其尺寸为110 mm×35 mm。

（2）永磁直流控制电机1台、开闸限位控制器1个、闭闸限位控制器1个、左翼闸1块、红外对射探测器1套、执行机构1套、通行通道指示屏1个、通行指示屏1个、RFID射频识别控制器1台、电机安装支架1个、电机安装底座1个，这些都和右控制柜功能相同或相似。

3）RFID射频授权控制器1台

（1）配置有RFID射频授权控制器1台，利用无线电射频识别技术实现IC射频卡的读取和授权，其尺寸为100 mm×140 mm×30 mm。

（2）配置有USB2.0串口数据线1根，长1 470 mm，用于连接计算机串口，完成数据传输功能。

4）AI动态人脸识别机1台

配置有AI动态人脸识别机1台，并配置有电源适配器1个，具有人脸检测、人脸搜索、人脸验证等功能，用于动态人脸识别，判断其合法性，同时发出是否开闸的指令，其尺寸为 $\Phi 115$ mm×570 mm。

5）同步线1根

实训装置配置有同步线1根，用于连接主板与副板，实现主、副板的数据传输与同步，其长度为4 000 mm。

6）配套软件1套

（1）数据库软件。

（2）道闸调试软件。

（3）信息同步软件。

（4）系统管理软件。

7）笔记本电脑1台

实训装置配置有笔记本电脑1台，用于地铁出入控制道闸系统的调试与设置，其主要技术参数为14英寸显示器，I5处理器，2 GB内存，500 GB硬盘。

8）网络交换机1台

实训装置配置有网络交换机1台，19英寸1 U，24口，用于地铁出入控制道闸系统的数据传输。

3. 地铁出入控制道闸实训装置的特点

（1）典型案例。实训装置集成地铁出入控制道闸系统的先进技术和典型行业应用，具有行业代表性。

（2）原理演示。实训装置集成安装了一套完整的地铁出入控制道闸系统，通电后就能正常工作，满足器材认识与技术原理演示要求。

（3）理实一体。实训装置精选了全新的地铁出入控制道闸设备，搭建工程实际应用环境，展示最新应用技术，学生能够在一个真实的应用环境中进行理实一体化实训操作。

（4）软硬结合。实训装置精选了道闸控制柜、AI动态人脸识别机、RFID射频识别控制器等多种地铁出入控制道闸设备，同时配置了完善的软件系统，能进行硬件安装实训和软件调试实训操作。

（5）结构合理。实训装置为全钢结构，开放式设计，落地安装，立式操作，稳定实用，节约空间。

4. 地铁出入控制道闸实训装置产品功能与课时

该实训装置具有8个实训项目，共计18个课时，具体如下：

实训项目一：地铁出入控制道闸系统认知实训（2课时）

实训项目二：地铁出入控制道闸系统基本操作实训（2课时）

实训项目三：地铁出入控制道闸系统设备安装与接线实训（4课时）

实训项目四：地铁出入控制道闸系统控制主板调试实训（2课时）

实训项目五：数据库软件配置与安装实训（2课时）

实训项目六：道闸调试软件调试实训（2课时）

实训项目七：信息同步软件调试实训（2课时）

实训项目八：道闸系统管理软件调试实训（2课时）

习　题

1. 填空题（10题，每题2分，合计20分）

（1）出入口控制系统是利用自定义符识别和（或）_____等模式识别技术对出入口目标进行识别，并控制出入口_____启闭的电子系统。（参考1.1.1知识点）

（2）出入口控制系统主要由_____、传输部分、管理/控制部分和_____组成。（参考1.2.1知识点）

（3）凭证又称特征载体，是指目标通过出入口时所要提供的_____和载体。（参考1.2.1知识点）

（4）不同的凭证对应有不同的识读方式，目前常见的识读方式有密码识别、_____和_____等。（参考1.2.1知识点）

（5）识读部分是能够_____、_____并输出凭证信息的电子装置。（参考1.2.1知识点）

（6）传输部分负责出入口控制系统信号的传输，包括用于数据传输的各种传输_____和_____。（参考1.2.1知识点）

（7）管理/控制部分是出入口控制系统的_____，主要包括一体化道闸控制板、RFID射频授权控制器、指纹采集器、_____及出入口控制系统管理软件等。（参考1.2.1知识点）

（8）出入口控制的工作过程主要包括凭证授权、_____、道闸开启、_____、道闸关闭等。（参考1.2.2知识点）

（9）出入口控制系统常见的控制方式有入口单向控制、_____、多重控制、_____和出入日期/时间控制。（参考1.2.3知识点）

（10）出入口控制系统是集_____、_____和人防功能为一体的防范设施，从防范效果上可以说是安全技术防范系统中最有效的防范手段之一。（参考1.3.1知识点）

2. 选择题（10题，每题3分，合计30分）

（1）出入口控制系统的识别方式可包括（　　）。（参考1.1.2知识点）

A. 卡识别　　　　　　B. 人脸识别　　　　　　C. 二维码识别　　　　D. 蓝牙识别

（2）识读部分主要实现目标身份信息识别，完成与（　　）的信息交流，对符合放行的目标予以放行，拒绝非法进入。（参考1.2.1知识点）

A. 凭证　　　　　　　B. 传输设备　　　　　　C. 中央管理部分　　　D. 执行部分

（3）出入口控制系统传输线缆一般包括（　　）等。（参考1.2.1知识点）

A. 多芯线电缆　　　　B. 同轴电缆　　　　　　C. 网络双绞线　　　　D. 光纤

（4）管理/控制部分可实现（　　）功能。（参考1.2.1知识点）

A. 发出指令　　　　　B. 功能设置　　　　　　C. 接收信息　　　　　D. 信息分析处理

（5）执行部分是执行出入口控制系统命令的装置，一般包括（　　）。（参考1.2.1知识点）

A. 射频识别控制器　　B. 指示灯　　　　　　　C. 直流电机　　　　　D. 控制主机

（6）目标的相关信息确认无误并录入后，即可对该凭证进行（　　）。（参考1.2.2知识点）

A. 判断　　　　　　　B. 授权　　　　　　　　C. 管理/控制　　　　　D. 认证

（7）当凭证进入识读范围时，识读装置便会识别采集凭证的相关信息，并将采集的信息发送给（　　）。（参考1.2.2知识点）

A. 识别控制器　　　　B. 控制器　　　　　　　C. 电机　　　　　　　D. 通行指示灯

（8）在安全性要求比较高的区域，出入时可设置多重识别，或一种识别方式进行（　　），或采用两种或两种以上不同的识别方式（　　）等。（参考1.2.3知识点）

A. 单向控制　　　　B. 双向控制　　　　C. 多重验证　　　　D. 重叠验证

（9）出入口控制系统除了能满足出入口扩展的基本功能需求外，在实际应用中，还能扩展满足人们日常管理工作的需要，如（　　）等。（参考1.3.1知识点）

A. 人员考勤　　　　B. 安保巡更　　　　C. 人员身份核实　　　D. 出入流量统计

（10）（　　）场合可应用出入口控制系统。（参考1.3.2知识点）

A. 小区出入口　　　B. 地铁出入口　　　C. 车站出入口　　　D. 办公出入口

3. 简答题（5题，每题10分，合计50分）

（1）简述出入口控制系统的发展过程。（参考1.1.2知识点）

（2）绘制出入口控制系统的逻辑构成，并对各部分做简要说明。（参考1.2.1知识点）

（3）简述出入口控制系统的基本工作过程。（参考1.2.2知识点）

（4）简述出入口控制系统的特点。（参考1.3.1知识点）

（5）在生活中能看到哪些出入口控制系统？至少列出5种。

实训项目1　出入口控制系统认知

1. 实训目的

快速认识出入口控制系统。

2. 实训要求

（1）认识摆闸、AI动态人脸识别机、RFID射频识别控制器等相关产品设备。

（2）将实训装置上的设备，能够正确对应到地铁出入控制道闸系统的各组成部分。

（3）明确并理解各个设备之间的连接关系。

3. 实训设备和操作要点

（1）实训设备：西元小区出入控制道闸系统实训装置，型号KYZNH-71-4。

（2）操作要点：出入口控制系统接线图的绘制。

4. 实训内容及步骤

通过对西元小区出入控制道闸系统实训装置的认知学习，认识实训装置上的所有设备，了解各个设备之间的连接关系，快速完成对出入口控制系统的认知。

第一步：设备认知。逐一认识装置上出入控制道闸系统的实物设备，并说明其属于出入控制道闸系统的哪个组成部分，以及它的基本功能和作用。

第二步：布线认知。观察各个设备所接线缆，说明各个线缆的作用以及各设备之间的连接关系。

第三步：独立绘制本装置出入口控制系统的接线图。

第四步：两人一组，通过实训装置互相介绍出入口控制系统。

5. 实训报告

（1）实训项目名称。

（2）实训目的。

（3）实训要求和完成时间。

（4）实训设备名称、型号，至少应该包括实训设备、实训工具及材料的名称和规格型号。

（5）实训操作步骤和具体要点，给出主要操作步骤的技能要点描述和实操照片，包括完成作品的照片，至少有1张本人出镜的照片。

（6）实训收获，必须清楚描述本人已经完成的实训工作量，已经掌握的实践技能和熟练程度。

实训项目 2 出入口控制系统基本操作实训

1. 实训目的

（1）掌握RFID卡凭证的开闸操作方法。

（2）掌握人脸凭证的开闸操作方法。

（3）掌握指纹凭证的开闸操作方法。

2. 实训要求

根据实训步骤，完成出入口控制系统相关操作内容，熟练掌握其基本工作过程。

3. 实训设备和操作要点

（1）实训设备：西元小区出入控制道闸系统实训装置，型号KYZNH-71-4。

（2）操作要点：明确实训装置的三种开闸操作方法。

4. 实训内容及步骤

西元小区出入控制道闸系统实训装置中配置了专用的道闸系统管理软件，可实现对RFID卡凭证开闸、人脸凭证开闸以及指纹凭证开闸的相关操作，独立完成下列基本操作，掌握出入口控制系统的基本工作过程。

第一步：设备接线。利用三根网络双绞线，将控制主板、AI动态人脸识别机、控制主机（计算机）分别连接至网络交换机。

第二步：系统通电。接通电源后，打开设备的漏电保护开关，此时系统通电，设备启动，道闸开始动作。等待设备启动过程结束，运行稳定后再进行下一步操作。

第三步：登录道闸系统管理软件。打开道闸系统管理软件 ，输入用户名和密码后登录，进入智能门禁管理系统，如图1-17所示。（用户名和密码均为admin）

图1-17 登录道闸系统管理软件

第四步：添加人员信息。

（1）单击人员与卡证管理-新增，弹出界面，如图1-18所示。

（2）添加卡片。选择部分人员将RFID卡作为其出入凭证，在新增界面分别输入他们的编号

16

和姓名，并添加卡片。将RFID射频授权控制器连接到计算机上，卡片放在授权控制器读卡区域，单击"读卡"按钮，添加上卡片信息后，单击"确定"按钮，卡片添加完成，如图1-19所示。

图1-18　新增人员信息界面

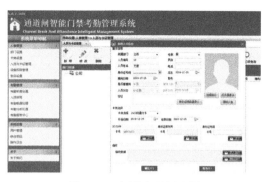
图1-19　新增卡凭证人员

（3）添加指纹信息。选择部分人员将指纹作为其出入凭证，在新增界面分别输入他们的编号和姓名，并添加指纹信息。将指纹采集器连接到计算机上，单击"录入指纹"按钮，手指放在指纹采集器的采集区域上，读取要添加的指纹图像信息，重复三次后单击"确定"按钮，指纹图像添加完成，如图1-20所示。

图1-20　新增指纹凭证人员

（4）添加人脸图像。选择部分人员将人脸作为其出入凭证，在新增界面分别输入他们的编号和姓名，并添加人脸图像信息。单击"选择照片"按钮，把这些人员的照片导入，或打开摄像头为他们进行拍摄，单击"确定"按钮后人脸图像添加完成，如图1-21所示。

（5）添加完成后，单击部门的所有人员，可以查看所有添加过的人员信息列表，如图1-22所示。

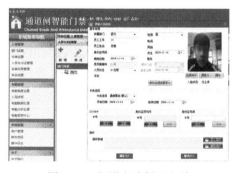
图1-21　新增人脸凭证人员

图1-22　人员信息列表

第五步：凭证授权。单击"设备权限管理"→"批量授权"命令，弹出界面后，单击选择人员，然后单击"查询"按钮。选中需要授权的人员和安装区域后，单击"确定"按钮，完成各个凭证的授权操作，如图1-23所示。

图1-23 凭证授权

第六步：打开数据同步服务软件 ，单击"开始同步"按钮，如图1-24所示。

图1-24 数据同步

第七步：开闸操作。

（1）RFID卡凭证开闸。让凭证为卡片的人依次刷卡进行道闸系统的出入操作体验，将已授权的卡片靠近RFID射频识别控制器的刷卡区域，系统自动感应卡片信息，并发出开闸指令，道闸自动打开，语音提示"欢迎光临""欢迎再次光临"；人通过道闸后，道闸自动关闭。

（2）指纹凭证开闸。让凭证为指纹图像的人依次刷指纹进行道闸系统的出入操作体验，已添加过指纹图像的人员在指纹区域刷指纹，系统采集识别当前出入人员的指纹进行检索，区域绿灯亮，发出开闸指令，道闸自动打开；人通过道闸后，道闸自动关闭。

（3）人脸凭证开闸。让凭证为人脸图像的人员依次刷人脸进行道闸系统的出入操作体验，已添加过人脸图像的人员在通过道闸时，AI动态人脸识别机中的摄像机捕捉出当前出入人员的图像，系统进行检索后发出开闸指令，道闸自动打开，语音提示"请请通行"；人通过道闸后，道闸自动关闭。

第八步：其他操作。

（1）未授权的凭证进行开闸操作。当未授权的RFID卡、指纹或人脸，进入对应的识别区域时，系统采集识别并判别其为非法凭证，同时语音提示"无效票"，道闸不动作，禁止通行。

（2）逆行操作。在通道口一侧输入凭证，其他人员由另一侧逆向通过通道时，系统语音提示"请勿逆行"。

（3）非法闯入操作。不输入任何凭证，尝试通过道闸通道时，红外对射探测器感应到有人员进入检测区域，并反馈给控制系统，此时系统语音提示"请勿非法闯入"。

（4）红外防夹操作。道闸正常开启后，人员在通过道闸时站在通道中间不离开，此时道闸不关闭，避免人员被夹到，人离开通道，道闸才会关闭。同时在规定时间后，系统会语音提示"请勿在通道中停留"。

说明：

（1）添加人员信息时，人员编号与姓名必须填写，且不能重复。

（2）一个人员可以添加一种或多种开闸的凭证信息，可体验一种或多种开闸方式。

5. 实训报告

（1）实训项目名称（例如卡片开闸操作、AI动态人脸识别机开闸操作等）。

（2）实训目的。

（3）实训要求和完成时间。

（4）实训设备名称、型号。

（5）实训操作步骤和具体要点，给出主要操作步骤的技能要点描述和实操照片，至少有1张本人出镜的照片。

（6）实训收获，必须清楚描述本人已经完成的实训工作量，已经掌握的实践技能和熟练程度。

单元 ❷

出入口控制系统常用器材与工具

器材和工具是任何一个系统工程的基础，通过对出入口控制系统主要器材的学习，能够加深对其结构组成与功能特点的理解，而工具的正确使用直接决定着工程施工质量与效率。本单元主要介绍出入口控制系统的常用器材和工具特点与使用方法。

学习目标：

- 认识出入口控制系统工程常用器材，熟悉其基本工作原理和安装使用方法。
- 认识出入口控制系统工程常用工具，掌握其基本使用方法和技巧。

2.1 识 读 部 分

2.1.1 RFID 射频识别控制器

1. RFID 射频识别控制器

射频识别控制器是一种射频收发器，一般集成安装在出入口控制系统设备刷卡区对应的内部位置，方便目标凭证的刷卡操作。它集成了半导体技术、射频技术、高效解码算法等多种技术，一旦进入工作状态，会发射射频信号来激活射频卡。它能够从所收到的各种反射信号中甄别出射频卡所反射的微弱信号，读取用户卡的信息，辨别卡的合法性，从而发出是否开闸的指令。

不同的应用场合和功能需求下的射频识别控制器在外形结构上会有所差别，但功能上基本是大同小异，如图 2-1 所示为西元小区出入控制道闸系统实训装置所选型的射频识别控制器。

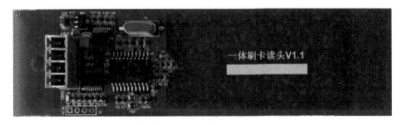

图 2-1 射频识别控制器

射频识别控制器主要由读头和控制板两部分组成，其中读头用于射频卡信息的读取，控制板用于采集信息的处理，以及与一体化道闸控制板之间的信息交流。如图 2-2 所示为其结构示意图，表 2-1 所示为其接口说明。

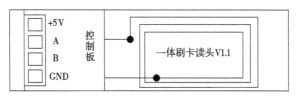

图 2-2　射频识别控制器结构示意图

表 2-1　射频识别控制器接口说明

接口名称	接口功能	接线说明
+5 V、GND	电源接口，输入 DC 5 V 直流电源	连接一体化道闸控制板串口的"+5 V""GND"接口
A	用于一体化控制板信息的接收	连接一体化道闸控制板串口的"TXD"接口
B	用于采集信息的发送	连接一体化道闸控制板串口的"RXD"接口

2. RFID 射频识别技术

射频识别技术（Radio Frequency Identification，RFID）是一种非接触式的自动识别技术，通过无线射频方式自动识别目标对象并获取相关数据。

RFID 系统主要由射频标签和射频识读器组成。

（1）射频标签（Tag）。射频标签是信息载体，一般由调制器、编码发生器、时钟、存储器及天线组成。一般射频标签安装在被识别对象上，用于存储目标的相关信息。每个射频标签都具有唯一的电子编码，用于标识目标对象。射频卡是最常见的射频标签，卡号就是它的电子编码。

（2）射频识读器（Reader）。射频识读器是将射频标签中的信息读出，或将所需要存储的信息写入射频标签的装置。典型的射频识读器包含有高频模块（发送器和接收器）、控制单元以及识读器天线。射频标签和射频识读器之间利用感应、无线电波或微波进行非接触双向通信，可以实现对标签电子编码和内存数据的读出或写入操作。

RFID 系统的基本工作过程：

（1）识读器通过发射天线，发送一定频率的射频信号，当射频卡进入发射天线工作区域时产生感应电流，射频卡获得能量被启动。

（2）射频卡将自身编码等信息透过卡内天线发送出去。

（3）识读器接收天线接收到从射频卡发送来的载波信号，对信息进行解调和译码处理后，发送给管理/控制部分。

（4）管理/控制部分根据逻辑运算判断该卡的合法性，针对不同的设定做出相应的处理和控制，发出指令信号控制执行相应的动作。

如图 2-3 所示为 RFID 系统工作原理图。

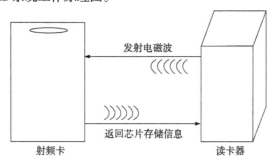

图 2-3　RFID 系统工作原理图

2.1.2　指纹识别控制器

1.　指纹识别控制器

指纹识别控制器是指具备指纹采集、存储、比对及结果输出等功能的装置。它采用高科技的数字图像处理、生物识别及DSP算法等技术，用于门禁安全、出入人员识别控制，一般集成嵌入式安装在出入口控制系统凭证识别区域对应的位置，方便目标进行指纹验证操作。当目标将指头置于其采集区域时，它能快速识读采集用户的指纹信息，辨别其合法性，同时发出是否开闸的指令。如图2-4所示为西元小区出入控制道闸系统实训装置所选型的指纹识别控制器。

指纹识别控制器主要由指纹识别模块和指纹仪转接板组成，其中指纹识别模块用于指纹信息的识别采集和对比，指纹仪转接板用于指纹信息的转换，进而实现与一体化道闸控制板之间的信息交流。如图2-5所示为指纹仪转接板，表2-2所示为其接口说明。

（a）实物图　　　　　（b）内部结构

图 2-4　指纹识别控制器　　　　　　　图 2-5　指纹仪转接板

表2-2　指纹识别控制器接口说明

接口名称	接口功能	接线说明
+5 V、GND	电源接口，输入DC 5 V直流电源	连接一体化道闸控制板串口的"+5 V""GND"接口
A	用于一体化控制板信息的接收	连接一体化道闸控制板串口的"TXD"接口
B	用于采集信息的发送	连接一体化道闸控制板串口的"RXD"接口

2.　指纹识别技术

人的指纹简单可分为三种："箕形""斗形"和"弓形"，如图2-6所示。每个人的指纹在图案、断点和交叉点上各不相同，呈现唯一性且终生不变，指纹已经变成人的另一张身份证，据此，把一个人同他的指纹对应起来，通过将他的指纹和预先保存的指纹数据进行比较，就可以验证他的真实身份，这就是指纹识别技术。

箕形纹　　　　　　　斗形纹　　　　　　　弓形纹

图 2-6　指纹分类

指纹识别技术主要根据人体指纹的纹路、细节特征等信息对目标进行身份鉴定，目前所用的指纹图像采集设备基于四种技术基础：光学技术、电容技术、生物射频技术和超声波技术。但不论何种采集方式，采集到的信息并不是指纹的图片，而是以一种特殊算法计算得到的一串指纹代码，进行逆向对比，就可以通过计算获得两个指纹是否出自同一人。如图2-7所示为一个典型的指纹识别过程。

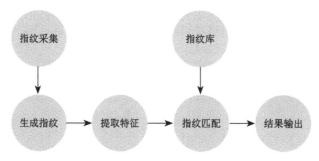

图 2-7 典型的指纹识别过程

（1）指纹采集。通过指纹采集设备获取目标的指纹信息。

（2）生成指纹。指纹识别控制器对采集的指纹信息进行预处理，生成指纹图像。

（3）提取特征。从指纹图像中提取指纹识别所需的特征点。

（4）指纹匹配。将提取的指纹特征，与数据库中保存的指纹特征进行匹配，判断是否为相同指纹。

（5）结果输出。完成指纹匹配处理后，输出指纹识别的处理结果。

2.1.3 动态人脸识别机

1. 动态人脸识别机

动态人脸识别机是以动态人脸识别技术为核心，基于人的脸部特征信息进行身份识别的装置。动态人脸识别机一般安装在出入口控制系统凭证识别区域对应的位置，方便目标进行人脸验证操作，具有人脸检测、采集、搜索、验证等功能。当目标的人脸进入识别区域时，动态人脸识别机能快速捕捉采集人脸信息，辨别其合法性，同时发出是否开闸的指令。

动态人脸识别机一般是由人脸识别摄像头、高清显示屏、语音播报器、补光灯、控制主板及其配套操作系统、外壳等组成的一体化设备。如图2-8所示为西元小区出入控制道闸系统实训装置所选型的动态人脸识别机。

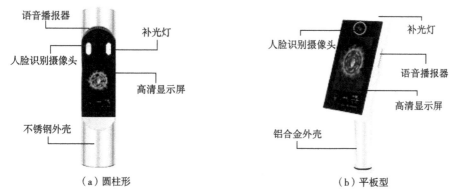

（a）圆柱形 　　　　　　　　　　（b）平板型

图 2-8 动态人脸识别机

根据不同的应用和连接方式，人脸识别机配置了不同类型的接口，包括电源接口、韦根接口、USB接口、开关量接口、RJ-45网络接口、报警输入接口、报警输出接口等，如图2-9所示。

西元人行出入控制道闸系统主要利用了韦根接口和RJ-45网络接口，完成信号的传输。如表2-3所示为韦根接口说明。

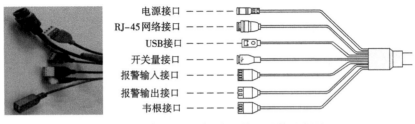

电源接口 -----
RJ-45网络接口 -----
USB接口 -----
开关量接口 -----
报警输入接口 -----
报警输出接口 -----
韦根接口 -----

图 2-9　动态人脸识别机主要接口及其示意图

表2-3　韦根接口说明

接口名称	接口功能	接线说明
D0	数据Data0	连接一体化道闸控制板韦根接口的"D0"接口
⏚	Data return	连接一体化道闸控制板韦根接口的"GND"接口
D1	数据Data1	连接一体化道闸控制板韦根接口的"D1"接口

2. 动态人脸识别技术

人脸识别又称人脸检测，是一种基于人的脸部特征信息进行身份识别的生物特征识别技术。动态人脸识别是不需要停驻等待，你只要出现在一定识别范围内，无论你是行走还是停立，系统会自动进行识别，并发出相应的指令。

人脸识别技术集成了人工智能、机器辨认、机器学习、模型理论、视频图画处理等多种专业技术。从视频和照片中提取人脸特征点，利用生物统计学原理进行分析建立数学模型，即人脸特征模板。利用已建成的人脸特征模板与被测者的面像进行特征分析，根据分析的结果来给出一个相似度值，最终搜索到最佳匹配人脸特征模板，并因此确定一个人的身份信息。

如图2-10所示为人脸识别的一般过程。

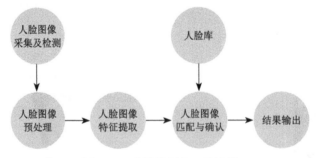

图 2-10　人脸识别的一般过程

（1）人脸图像采集及检测。人脸识别机通过摄像头，实时采集抓拍进入其识别范围的人脸图像，并对抓拍的静态图片进行人脸模型检测，即在画面中精确标定出人脸的方位和巨细（大小、细节等）。人脸图像中包含的形式特征非常丰富，如直方图特征、色彩特征、模板特征、结构特征等，人脸检测就是把这其中有用的信息挑出来，并运用这些特征完成人脸检测。

（2）人脸图像预处理。根据人脸检测结果，对人脸图像进行处理并服务于特征提取的进程。获取的原始图像因为各种条件的约束和干扰，往往不能直接运用，必须对其进行图像预处理，包括人脸图像的光线补偿、灰度变换、直方图均衡化、归一化、滤波及锐化等。

（3）人脸图像特征提取。人脸特征提取是对人脸进行特征建模的进程。通过对人脸特征部位的检测和标定，确定人脸图像中的显著特征点（眉毛、眼睛、鼻子、嘴巴等器官），同时对脸部器官以及脸外围轮廓的形状信息进行提取描述。根据检测和标定结果，计算得出特征数据。

（4）人脸图像匹配与辨认。提取的人脸图像的特征数据与数据库中存储的特征模板进行查找匹配，依据类似程度对人脸的身份信息进行判别。

（5）结果输出。完成人脸匹配处理后，输出人脸识别的处理结果。若存在，给出识别人的身份信息；若不存在，提示身份验证失败。

2.2　传　输　部　分

传输部分在出入口控制系统中充当着重要的角色，无论是将识读部分采集的信息传送到管理/控制部分，还是由管理/控制部分给执行部分发送控制指令，都依赖于传输部分。传输部分线缆及设备的质量直接影响整个系统的运作效果。

2.2.1　通信的基本模型

通信的基本模型如图 2-11 所示。

信源 → 发送设备 → 信道 → 接收设备 → 信宿

图 2-11　通信的基本模型

（1）信源（信息源）把各种信息转换成原始电信号，可分为模拟信源和数字信源，如麦克风属于模拟信源，而计算机信息属于数字信源。

（2）发送设备把原始信号转换为适合信道传输的电信号或光信号。

（3）接收设备对受到减损的原始信号进行调整补偿，进行与发送设备相反的转换工作，恢复出原始信号。

（4）信宿（受信者）把原始信号还原成相应信息，如扬声器，监视器、显示器等。

（5）信道是把来自发送设备的信号传送到接收设备的物理媒介，分为有线信道和无线信道。

无论是有线信道里的电信号、光信号或是无线信道里的无线电波，其实质都是电磁波信号。电信传输的基本过程，就是用电磁波的快速变化来表示能够直接识别的各种信息，然后通过有线传输或无线辐射的方式对电磁波进行传输的过程。

2.2.2　系统常用传输线缆

在出入口控制系统中使用的线缆主要有多芯线电缆、网络双绞线电缆和光纤。各种线缆在信号传输过程中的有效性和可靠性将直接影响系统的工作性能，因此对这些线缆的充分了解和学习是必不可少的。

1. 电线电缆的规格

电线电缆一般在导体外面都包裹有绝缘层或者护套，单根一般称为电线，多根电线组成电缆，电线电缆按照线芯和护套的类型可以分多种，下面介绍电线电缆的型号和分类。

1）电线电缆型号的表示方法

电线电缆型号一般用图 2-12 所示的字符串格式表示：第一位为分类及用途代号；第二位为绝缘代号；第三位为护套代号，无护套时省略第三位；第四位为派生代号，无派生代号时省略第四位。

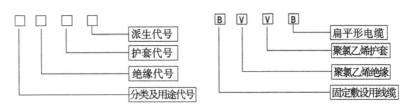

图 2-12　电缆的型号

2）电线电缆型号中各字母的含义

（1）按用途分：固定敷设用电缆—B；连接用软电缆—R；电梯电缆—T；室内装饰照明用电缆—S；安装用电缆—A。

（2）按照材料特性分：铜导体—T，通常省略；铝导体—L；铜皮铝导体—TP；绝缘聚氯乙烯—V；护套聚氯乙烯—V；聚乙烯绝缘—Y；护套耐油聚氯乙烯—VY。

（3）按照结构特征分：圆形—通常省略；扁平型—B；双绞型—S；屏蔽型—P；软结构—R。

（4）按耐热特征分：70℃—省略；90℃—90。

2. 常用线缆

1）RVV电缆

RVV电缆表示铜导体聚氯乙烯绝缘护套软电缆，RVV电缆也是由两根以上的聚氯乙烯绝缘电线增加聚氯乙烯外护套组成的软电缆，如图2-13所示。RVV电缆主要应用于电器、仪表和电子设备及自动化装置等电源线、信号控制线。RVV电缆是弱电系统最常用的电缆，其芯线根数不定，两根或以上，外面有绝缘护套，芯数从2芯到24芯之间按国标分色，两芯以上绞合成缆，外层绞合方向为右向。RVV电缆的标准截面积有0.50、0.75、1.0、1.5 mm²等，如表2-4所示。

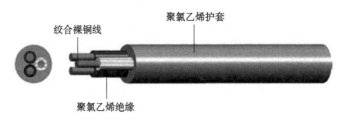

绞合裸铜线　　聚氯乙烯护套

聚氯乙烯绝缘

图 2-13　RVV 电缆

表2-4　常用RVV二芯软电缆产品规格表

电压等级/V	截面积/mm²	产品规格/mm 线数/线径	产品结构/mm		
			导体直径	绝缘外径	标称外径
300/500	0.5	2 × 28/0.15	1.01	2.01	3.21 × 5.22
300/500	0.75	2 × 42/0.15	1.26	2.26	3.46 × 5.72
300/500	1.0	2 × 32/0.20	1.4	2.81	4.4 × 7.2
300/500	1.5	2 × 48/0.20	1.71	3.11	4.7 × 7.8

2）双绞线电缆

两根具有绝缘保护层的铜导线按一定密度互相绞在一起，即形成一对双绞线。如果把一对或多对双绞线放在一个绝缘套管中便成了双绞线电缆，日常生活中一般把"双绞线电缆"直接称为"双绞线"。

在双绞线电缆内，不同线对具有不同的绞绕长度，两根导线绞绕的长度以及紧密程度决定其抗干扰能力，同时不同线对之间又不会产生串绕。为了方便安装与管理，每对双绞线的颜色会有所区别，一般规定四对线的颜色分别为：白橙/橙、白绿/绿、白蓝/蓝、白棕/棕。

双绞线电缆的接头标准为TIA/EIA568A和568B标准，T568A线序为白绿、绿、白橙、蓝、白蓝、橙、白棕、棕，其接线图如图2-14所示。T568B线序为白橙、橙、白绿、蓝、白蓝、绿、白棕、棕，其接线图如图2-15所示。

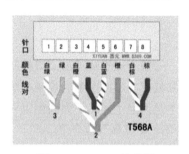

图 2-14　T568A 接线图

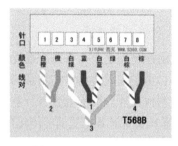

图 2-15　T568B 接线图

两种接头标准的传输性能相同，唯一区别在于1、2和3、6线对的颜色不同。不同国家和行业选用不同的接头标准。在我国一般使用568B标准，不使用568A标准。在同一个工程中只能使用一种标准，禁止混用，如果标准不统一，就会出现牛头对马嘴，布线永久链路不通，更严重的是施工过程中一旦出现标准差错，在成捆的线缆中是很难查找和剔除的。

3）光纤

光纤是一种由玻璃或者塑料制成的通信纤维，其利用"光的全反射"原理，作为一种光传导工具。光纤跳线类型有SC、ST、FC、LC，如图2-16所示。

SC光纤跳线

ST光纤跳线

FC光纤跳线

LC光纤跳线

图 2-16　光纤跳线

（1）光纤分类

光纤分为单模光纤和多模光纤。

单模光纤：主要用来承载具有长波长的激光束，单模只传输一种模式，和多模光纤相比色散要少。由于使用更小的玻璃芯和单模光源，所以其纤芯较细，传输频带宽、容量大，传输距离长，需要高质量的激光源，成本较高。为与多模光纤区别，国际电信联盟规定室内单模光缆外护套黄色。

多模光纤：主要使用短波激光，允许同时传输多个模式，覆盖层的反射限制了玻璃芯中的光，使之不会泄漏。多模光纤的纤芯粗，传输速率低、距离短，激光光源成本较低，国际电信联盟规定室内多模光缆外护套橙色。

（2）光纤通信

光纤通信是以光波作为信息载体，以光纤作为传输媒介的一种通信方式。从原理上看，构成光纤通信的基本物质要素是光纤、光源和光检测器。

光纤通信的原理是：在发送端首先要把传送的信息（如视频信号）变成电信号，然后调制到激光器发出的激光束上，使光的强度随电信号的幅度（频率）变化而变化，并通过光纤发送出去；在接收端，检测器收到光信号后把它变换成电信号，经解调后恢复原信息。

2.3 管理／控制部分

2.3.1 一体化道闸控制板

一体化道闸控制板是出入口控制系统的核心控制部件，一般集成安装在出入口控制系统的道闸控制柜内，用于完成出入口控制系统所有信息的分析和处理。不同类型的道闸系统配置的一体化道闸控制板在外形结构上会有所差别，但功能上基本是大同小异，下面我们以西元小区出入控制道闸系统实训装置配置的一体化摆闸主板和副板为例，对其做具体介绍。

1. 一体化摆闸主板

1）主要组成

一体化摆闸主板主要包括主板LCD屏、调试按键、集成控制电路和设备接口。如图2-17所示为一体化摆闸主板实物图，图2-18为其结构示意图。

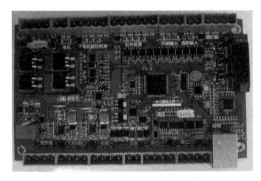

图2-17 一体化摆闸主板实物图　　　　图2-18 一体化摆闸主板结构示意图

（1）主板LCD屏。主板LCD屏主要用于主板相关信息的显示，包括主板IP、当前日期和时间、主板各项设置功能等，一般与调试按钮配合完成主板的手动调试工作。

（2）调试按键。调试按键包括上翻、设置和下翻三个按键，用于主板的功能调试和设置。

（3）集成控制电路。集成控制电路由各种电子元器件、处理器等组成，是主板的核心，完成系统数据的处理和存储等。

（4）设备接口。主板上引出配置了各种设备接口，用于连接电源、识读部分、执行部分、控制主机等相关设备。

2）主要功能

（1）供电功能。通过设备接口可实现对识读部分、执行部分设备的供电。

（2）信息处理功能。通过设备接口可实现对系统信息的接收、处理和发送。

（3）系统设置功能。通过调试按键可对系统的各项功能进行调试和设置。

3）主要接口说明

表2-5所示为其主要接口说明。

表2-5 一体化摆闸主板接口说明

设备接口	接线方向	端口定义	端口功能
顶灯板	连接通行指示屏	12 V、GND	输出DC12 V电源
		RED	信号线
		GREEN	信号线
消防输入	连接消防系统，满足消防需求	GND	短接"消防输入"闸机常开
		EM+	断开后闸机恢复正常关门
开闸输入	连接开门按钮等手动控制开关	左开	短接"公共–右开"反向开闸
		公共	短接"公共–左开"正向开闸
		右开	
红外检测	连接红外接收探测器	12 V、GND	输出DC12 V电源
		左红外	左侧红外检测信号线
		左防夹	左侧防夹功能信号线
		右红外	右侧防夹功能信号线
		右防夹	右侧红外检测信号线
电机到位检测	连接限位控制器	12 V、GND	输出DC12 V电源
		左开位	左开到限位
		关到位	关到限位位
		右开位	右开到限位
电机	连接道闸电机	正转	输出DC24 V电机工作电源
		反转	控制电机的正反转
电池–电源	连接电池及系统电源	电池、GND	电源供电时给电池充电 电源断电时给系统供电
		24 V、GND	输入DC24 V电源
同步线	连接一体化摆闸副板同步线接口	24 V、GND	输出DC24 V电源
		CANL	同步信号的传输
		CANH	实现主板与副板信息的同步
CAN接口	根据需求可以接光栅条发射、接收板；彩屏刷卡读头等	12 V、GND	输出DC12 V电源
		CANL	相关信号的传输
		CANH	
韦根一	连接AI动态人脸识别机韦根接口	GND	Data return
		D1	数据Data1
		D0	数据Data0
		12 V	未使用
语音	连接语音提示播放器	SPK–	输出播放器工作电源
		SPK+	输出播放器语音信号
串口一	根据需求可接刷卡读头、扫码读头、身份证读头、指纹仪读头等。 本实训装置串口一连接指纹读头，串口二连接刷卡读头	+5 V、GND	输出DC5 V电源
		TXD	RS232发送
		RXD	RS232接收
串口二		+5 V、GND	同串口一功能
		TXD	
		RXD	

2. 一体化摆闸副板

一体化摆闸副板主要由集成控制电路和设备接口组成，如图2-19所示为实物图，图2-20为其结构示意图。

图 2-19 一体化摆闸副板实物图 　　　图 2-20 一体化摆闸副板结构示意图

一体化摆闸副板可以说是主板的功能扩充板，其功能、接口与主板基本相同，如表2-6所为其主要接口说明。一体化摆闸副板的功能设置、工作电源由主板通过同步线实现。

表2-6　一体化摆闸副板接口说明

设备接口	接线方向	端口定义	端口功能
红外发射	连接红外发射探测器	12 V、GND	输出DC12 V电源
		12 V、GND	
同步线	连接一体化摆闸主板同步线接口	24 V、GND	输入DC24 V电源
		CANL	同步信号的传输实现主板与副板信息的同步
		CANH	
韦根二	同一体化摆闸主板		
串口三/四	同一体化摆闸主板		

2.3.2　RFID射频授权控制器

RFID射频授权控制器俗称发卡器，是对射频卡进行读/写操作的工具，但又不同于读卡器或读头，发卡器可以进行读卡、写卡、授权、格式化等操作。如图2-21所示为常见的发卡器，图2-22为西元小区出入口控制道闸系统实训装置所选型的发卡器。

图 2-21 　常见的发卡器 　　　　　图 2-22 　西元实训装置发卡器

发卡器就是在出入口控制系统的初始化卡、注册、注销时使用，配合用户在管理软件中进行卡信息的管理，具有多协议兼容、体积小、读取速率快、多标签识读等优点，可广泛地应用于各种RFID系统中。其主要结构和功能如下：

（1）对卡片授权，将卡片的序号读入控制主机管理软件。

（2）通过配套的数据线完成发卡器的供电和数据传输，即插即用。

（3）发卡器主要由读卡区和指示区构成，读卡区负责卡片的识读，指示区一般由电源指示灯、读卡指示灯显示其当前工作状态，同时会配有蜂鸣器提示。

2.3.3 指纹采集器

指纹采集器是利用相关生物识别技术，进行指纹识别采集的一种精密电子仪器，其工作原理与指纹识别控制器基本相同，一般配置和安装在出入口控制系统监控中心，用于目标用户指纹信息的采集，如图 2-23 所示为常见的指纹采集器。

光学式　　　　　　　　电容式　　　　　　　生物射频式

图 2-23　常见的指纹采集器

根据其应用技术原理的不同，指纹采集器可分为光学式、电容式、生物射频式和超声波式指纹采集器。

（1）光学式指纹采集器。它是出入口控制系统最常用的指纹采集器，通过利用光线反射成像的原理，识别获取指纹的信息。这种方式对使用环境的光照、温湿度有一定的要求，如冬天冰凉的手指偶尔会出现无法识别的现象，经常需要把手指头放到嘴边哈气一会儿才能识别。

（2）电容式指纹采集器。它是利用一定间隔安装的两个电容，指纹的高低起伏会导致二者之间的压差出现不同的变化，借此可实现准确的指纹测定。这种方式对手指的干净要求比较高，由于其对使用环境无特殊要求，同时组件体积较小，因而在手机领域应用比较广。

（3）生物射频式指纹采集器。它是通过射频传感器发射微量射频信号，穿透手指的表皮层，获取里层的纹路以获取指纹信息。这种方式对手指的干净程度要求较低，我们去办理身份证时是需要录入指纹的，这个录入设备就是生物射频指纹识别采集器。

（4）超声波式指纹采集器。它是利用超声波来扫描指纹，可对指纹进行更深入的分析，即便手指沾有水、汗或污垢都无碍超声波的扫描采样。超声波指纹识别是最新的一种指纹识别技术，一般应用于手机解锁领域。

2.3.4 控制主机及管理软件

控制主机是出入口控制系统的控制中心设备，完成对出入口控制系统的整体控制和管理。控制主机上一般会安装有出入口控制系统的相关管理软件，通过软硬结合的方式，可实时监控、显示、记录系统的工作状态。

控制主机一般安装在安防系统监控中心，接收来自一体化控制板发出的各种信息，并对这些信息进行处理、存储和显示。同时可实现对出入口控制系统的功能设置、目标人员信息管理、目标凭证信息的鉴别、凭证的权限设置等功能，确保系统各组成部分的合理运行。

出入口控制系统管理软件一般包括数据库软件、道闸调试软件、信息同步软件和系统管理软件等，实现对出入口控制系统的智能管理。数据库软件主要用于出入口控制系统各种数据信息的存储和调用；道闸调试软件用于一体化控制板的调试与基本功能设置；信息同步软件可完成系统相关设备的添加和参数设置，系统信息的实时显示和同步等功能；系统管理软件主要用于系统相关目标人员信息的管理，如人员信息的添加、人员凭证的添加、凭证权限的设置等，同时根据具体的功能需求，可添加扩展如人员考勤、安保巡更、人员身份核实、出入流量统计等日常管理工作需求的功能。

2.4 执 行 部 分

2.4.1 通行指示屏

通行指示屏是由 LED 发光二极管组成的点阵屏，通常由显示模块、控制系统及电源系统组成，如图 2-24 所示。通行指示屏一般集成嵌入式安装在出入口控制系统道闸柜内，通过与一体化控制板的连接，完成其发来的执行命令，显示相应的指示信息。

当目标凭证经识别验证合法时，一体化控制板发送通行指示命令给通行显示屏，通行显示屏通过灯珠亮灭显示绿色箭头 ✓，指示行人正确、安全通行；当目标凭证非法或无凭证验证时，通行显示屏通过灯珠亮灭显示红色叉号 ×，指示该通道不可通行，如图 2-25 所示。

图 2-24 通行指示屏

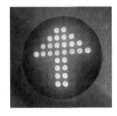 

图 2-25 通行指示

如表 2-7 所示为通行指示屏的接口说明。

表 2-7 通行指示屏接口说明

接口名称	接口功能	接线说明
VCC、GND	电源接口，输入 DC12 V 直流电源	连接一体化道闸控制板顶灯板接口的 "12 V" "GND"
R	信号线	连接一体化道闸控制板顶灯板接口的 "RED"
G	信号线	连接一体化道闸控制板顶灯板接口的 "GREEN"

2.4.2 红外对射探测器

红外对射探测器是利用被测物对光束的遮挡，从而检测物体的有无，一般由发射端和接收端组成，如图 2-26 所示。

图 2-26 红外对射探测器

发射端向接收端发射红外光束，当红外线被阻挡遮断时，接收端接收不到红外线即发送信号给一体化控制板。发射端有2条线电源输入，供电正常指示灯常亮；接收端有2条线电源输入和1条线信号输出，当人通过该区域时，即隔断时输出+12 V，反之为0 V。

如表2-8所示为其接线说明。

表2-8　红外对射探测器接线说明

组成	传输线	接线说明
发射端	电源线（棕色：+12 V、蓝色：GND）	连接一体化摆闸副板红外发射接口的"12 V""GND"
接收端	电源线（棕色：+12 V、蓝色：GND）	连接一体化摆闸主板红外发射接口的"12 V""GND"
	信号线（黑色）	根据其功能对应连接一体化摆闸主板红外检测接口的"左红外""左防夹""右防夹""右红外"

2.4.3　电磁限位控制器

电磁限位控制器是接近开关的一种，它是无须与检测部件进行机械直接接触就可以操作的位置开关。当金属进入控制器感应面的识别距离时，即发送感应信号给一体化道闸控制板，控制道闸电机停止运行，进而使得道闸挡板停止在设定位置。如图2-27所示为西元人行出入控制道闸系统实训装置所选型的电磁限位控制器。

电磁限位控制器主要由检测输出模块和指示灯组成，检测输出模块通过电磁感应原理实时检测金属物质并发出信号，指示灯包括电源指示灯（绿色）和检测指示灯（红色），当设备正常供电时电源指示灯亮，当检测到金属物质时，检测指示灯亮，如图2-28所示。

图 2-27　电磁限位控制器

图 2-28　检测到金属物质

电磁限位控制器共有3条线，其中2条电源输入和1条信号输出，当感应头检测到金属物体（感应距离2～4 mm）时输出+12 V，反之为0 V，如表2-9所示为其接线说明。

表2-9　电磁限位控制器接线说明

传输线	接线说明
电源线（棕色：+12 V、蓝色：GND）	连接一体化控制板电机到位检测接口的"12 V""GND"
信号线（黑色）	根据其功能对应连接一体化控制板电机到位检测接口的"左开位"、"关到位"、"右开位"

2.4.4　永磁直流电动机

永磁直流电动机是利用永磁体建立磁场，实现直流电能转换为机械旋转的一种直流电机。永磁直流电机内部主要由永磁体、转子（线圈）、换向器等组成，电机通电之后，转子的带电线

圈变成了一个电磁铁，在永磁体的磁力作用下转动；随着转子的旋转，线圈里面的电流就会因为换向器的作用而改变方向，从而改变转子的磁极，使得转子能够持续不断旋转下去。总而言之，电机是将电源的电能转化为机械能，并通过转轴输出到被控物体上。如图2-29所示为西元人行出入控制道闸系统实训装置所选型的永磁直流电动机。由于其结构简单、体积小，广泛用于家电、办公设备、电动工具、医疗等领域。

图 2-29　永磁直流电动机

2.4.5　语音提示播放器

语音提示播放器主要用于辅助提示行人通行，包括通行提示和警告提示，如"欢迎光临""请勿逆行""请勿非法闯入"等。如图2-30所示为西元人行出入控制道闸系统实训装置所选型的语音提示播放器，它与控制主板上的语音模块连接，实现系统语音提示功能。图2-31所示为语音提示播放器的接线端口示意图，表2-10所示为其接线说明。

图 2-30　语音提示播放器

图 2-31　接线端口示意图

表2-10　语音提示播放器接线说明

接口	接口功能	接线说明
A	语音提示电路信号线正极	连接一体化控制板语音模块的"SPK+"接口
B	语音提示电路信号线负极	连接一体化控制板语音模块的"SPK–"接口

2.4.6　人行通道闸

人行通道闸为出入口控制系统的主要执行设备，一般安装在人行通道的出入口，通过设备机身与机身、设备机身与构筑物（墙体或护栏等建筑设施）之间形成专门的通行通道，实现控制或引导人员出入的目的。人行通道闸主要由机身部分和拦挡部分组成，机身部分主要选用钢、不锈钢等材料制成，用于安装出入口控制系统的相关组成设备及联动机构，如射频识别控制器、动态人脸识别机、永磁直流电动机等；拦挡部分一般采用不锈钢、亚克力等不易破碎且不易伤人的材料或结构，用于通行通道的关闭和放行。如图2-32所示为常见的人行通道闸。

图 2-32　常见的人行通道闸

2.5 出入口控制系统常用工具

出入口控制系统工程涉及计算机网络技术、通信技术、综合布线技术等多个领域，在实际安装施工和维护中，需要使用大量的专业工具。在当代，"工具就是生产力"，没有专业的工具和正确熟练的使用方法和技巧，就无法保证工程质量和效率，为了提高工作效率和保证工程质量，也为了教学实训方便和快捷，西元公司总结了多年智能化系统工程实战经验，专门设计了智能化系统工程安装和维护专用工具箱，如图2-33所示。下面我们以西元智能化系统工具箱为例，介绍出入口控制系统工程常用的工具规格和使用方法。

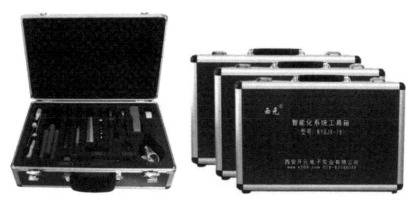

图 2-33　西元智能化系统工具箱

西元智能化系统工具箱中配置了出入口控制系统常用的工具，如表2-11所示。

表2-11　西元智能化工具箱

序号	名称	数量	用途
1	数字万用表	1台	测量电压、电流、电阻等
2	电烙铁	1把	焊接电路板、接头等
3	带焊锡盒的烙铁架	1个	存放电烙铁和焊锡
4	焊锡丝	1卷	焊接
5	PVC绝缘胶带	1卷	电线接头绝缘和绑扎
6	多用剪	1把	裁剪
7	RJ-45网络压线钳	1把	压接RJ-45网络接头
8	单口打线钳	1把	压接网络和通信模块
9	测电笔	1把	测量电压等
10	数显测电笔	1把	测量电压等
11	镊子	1把	夹持小物件
12	旋转剥线器	1把	剥除网络线外皮
13	专业级剥线钳	1把	剥除电线外皮
14	电工快速冷压钳	3把	压接各种电工接线鼻
15	4.5寸尖嘴钳	1把	夹持小物件

续表

序号	名称	数量	用途
16	4.5寸斜口钳	1把	剪断缆线
17	钢丝钳	1把	夹持大物件、剪断电线等
18	活动扳手	1把	固定螺母
19	钢卷尺	1把	测量长度
20	十字螺丝刀	1把	安装十字头螺钉
21	一字螺丝刀	1把	安装一字头螺钉
22	十字微型电讯螺丝批	1把	安装微型十字头螺钉
23	一字微型电讯螺丝批	1把	安装微型一字头螺钉

2.5.1　万用表

　　万用表是一种多功能、多量程的便携式仪表，是智能化工程布线和安装维护不可缺少的检测仪表。万用表一般用于测量电子元器件或电路内的电压、电阻、电流等数据，方便对电子元器件和电路的分析诊断。最常见的万用表主要有模拟式万用表和数字式万用表，如图2-34、图2-35所示。

　　现在人们大多使用的都是数字式万用表，数字式万用表不仅可以测量直流电压、交流电压、直流电流、交流电流、电阻、二极管正向压降、晶体管发射极电流放大系数，还能测电容量、电导、温度、频率，并增加了用以检查线路通断的蜂鸣器档、低功率法测电阻挡。有的仪表还具有电感档、信号档、AC/DC自动转换功能，电容档自动转换量程功能。新型数字万用表大多还增加了一些新颖实用的测试功能，如读数保持、逻辑测试、真有效值、相对值测量、自动关机等，如图2-36所示。

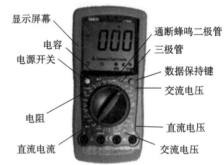

图2-34　模拟式万用表　　　图2-35　数字式万用表　　　图2-36　万用表功能

　　在使用万用表时，根据测量对象不同，合理地选择对应的表笔插孔，如图2-37所示。数字万用表的简要使用方法如下：

　　（1）交直流电压的测量：根据需要将量程开关拨至DCV（直流）或ACV（交流）的合适量程，红表笔插入V/Ω孔，黑表笔插入COM孔，并将表笔与被测线路并联，读数即显示，如图2-38所示。

　　（2）交直流电流的测量：将量程开关拨至DCA（直流）或ACA（交流）的合适量程，红表笔插入mA孔（＜200 mA时）或10 A孔（＞200 mA时），黑表笔插入COM孔，并将万用表串联在被测电路中即可。测量直流量时，数字式万用表能自动显示极性。

（3）电阻的测量：将量程开关拨至 Ω 的合适量程，红表笔插入 V/Ω 孔，黑表笔插入 COM 孔。如果被测电阻值超出所选择量程的最大值，万用表将显示"1"，这时应选择更高的量程。测量电阻时，红表笔为正极，黑表笔为负极，这与指针式万用表正好相反。因此，测量晶体管、电解电容器等有极性的元器件时，必须注意表笔的极性。

图 2-37 数字式万用表　　　　　　　图 2-38 选择挡位、测量电压

2.5.2 电烙铁、烙铁架和焊锡丝

电烙铁用于焊接和接线，因为其工作时温度较高容易烧坏所接触到的物体，所以一般使用中应放置在烙铁架上，而焊锡丝是电子焊接作业中的主要消耗材料，如图 2-39 所示。电子焊接的原理就是用电烙铁融化焊锡，使其与导线充分结合以达到可靠的电气连接的目的。

电烙铁在使用中一定要严格遵守使用方法。首先将烙铁放置在烙铁架上，接通电源等待 10 ~ 20 min 使烙铁充分加热。烙铁头温度足够时，取一节焊锡接触烙铁头，使烙铁头表面均匀地镀一层焊锡。我们使用的一般是有松香芯的焊锡丝，这种焊锡丝熔点较低，而且内含松香助焊剂，可不用助焊剂直接进行焊接。焊接时应固定导线，右手持电烙铁左手持焊锡丝，将烙铁头紧贴在焊点处，电烙铁与水平面大约成60°角，用焊锡丝接触焊点并适当使其熔化一些，烙铁头在焊点处停留2 ~ 3 s，移开烙铁头，并保证导线不动，如图 2-40 所示。

 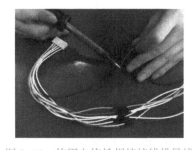

图 2-39 电烙铁、烙铁架和焊锡丝　　　图 2-40 使用电烙铁焊接接线排导线

注意，电烙铁在通电使用时烙铁头的温度可达 300℃，应小心使用以免人员烫伤或烧毁其他物品，焊接完成应将烙铁放置于烙铁架上，不能随便乱放。每次使用前应检查烙铁头是否氧化，若氧化严重，可用小锉或砂纸打磨烙铁头，使其露出金属光泽后重新镀锡。烙铁使用完毕后应及时拔掉电源，等待充分冷却后放回工具箱，不能在烙铁高温时将其放回。

2.5.3 多用途剪、网络压线钳

多用途剪用于裁剪相对柔性的物件，如线缆护套或热缩套管等，不可用多用途剪裁剪过硬的物体或缆线等，如图 2-41 所示。

网络压线钳主要用于压制水晶头，可压制 RJ-45 和 RJ-11 两种水晶头。另外网络压线钳还可以用来剪线、剥线，如图2-42所示。

图 2-41　多用途剪

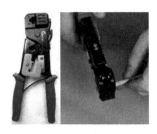

图 2-42　网络压线钳

2.5.4　旋转剥线器、专业级剥线钳

旋转剥线器用于剥开线缆外皮，安装有能够调节刀片高度的螺丝，用内六方工具旋转螺丝，调节刀片高度，适用不同直径的线缆外护套，既能划开外护套，又不能损伤内部线缆，如图2-43所示。

专业剥线钳用于剥开细电线的绝缘层，剥线钳有不同大小的豁口以方便剥开不同直径的线缆，如图2-44所示。

图 2-43　旋转剥线器

图 2-44　专业级剥线钳

2.5.5　尖嘴钳和斜口钳

4.5寸尖嘴钳用以夹持或固定小物品，也可以裁剪铁丝或一般的电线等。4.5英寸斜口钳主要用于剪切导线，元器件多余的引线，还常用来代替一般剪刀剪切绝缘套管、尼龙扎线卡等，如图2-45所示。

2.5.6　螺丝刀

螺丝刀是紧固或拆卸螺钉的工具，是电工必备的工具之一，有一字口和十字口两种，分别用以拆装平口螺钉和十字口螺钉，如图2-46所示。

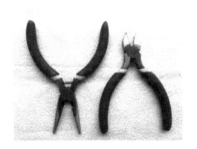

图 2-45　尖嘴钳（左）、斜口钳（右）

图 2-46　螺丝刀

典型案例 3　常见的卡凭证

出入口控制系统的凭证是指能够被识别、具有出入权限、能够对出入口控制系统进行操作的信息和其载体。凭证所表征的信息具有表明目标身份、通行权限、对系统的操作权限等单项或多项功能，通常包括卡凭证、生物特征凭证等。在各类凭证中，卡凭证最为常见，应用范围最广，它的发展大概可以概括为三个阶段：磁卡、接触式IC卡、RFID射频卡。

1. 磁卡

磁卡是一种卡片状的磁性信息载体，内部包含有三条磁道，其中第一、二条为只读磁道，第三条为读写磁道，用来记录信息、标识身份或其他用途。磁卡的优点是防潮、耐磨且有一定的柔韧性，携带方便且使用较为稳定可靠，信息读/写相对简单容易，成本较低；缺点是存储容量低、安全性低。目前常见的磁卡有图书卡、就诊卡、门票卡、会员卡，以及各种娱乐卡等。图2-47为磁卡的磁道位置示意图，图2-48为常见的磁卡。

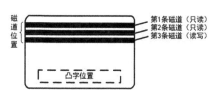

图 2-47　磁卡的磁道位置示意图

图 2-48　常见的磁卡

2. 接触式 IC 卡

IC卡是集成电路卡（Integrated Circuit Card），是由镶嵌有集成电路芯片的塑料卡片封装而成。接触式IC卡是通过读/写设备的触点与IC卡的触点接触后进行数据读/写的，其优点是存储容量大、安全性高、设备造价便宜；缺点是刷卡速度慢、频繁插拔容易损坏卡片和读卡器。常见的接触式IC卡有酒店的房卡、早期的公用电话IC卡、手机的SIM卡、银行推广的大多数金融IC卡等。图2-49为接触式IC卡的基本结构图，图2-50为常见的接触式IC卡。

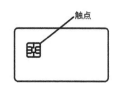

图 2-49　接触式 IC 卡基本结构

图 2-50　常见的接触式 IC 卡

3. RFID 射频卡

RFID射频卡是指采用了射频识别技术的非接触式电子卡片/标签，主要由集成电路芯片和天线组成，集成电路用来存储目标信息，天线通过射频识别技术完成读卡器和卡片之间的信息传输，卡片尺寸和封装材质因使用场合的不同而不同。常见的RFID卡有ID卡、非接触式IC卡、CPU卡、超高频射频卡、有源卡等，它们的主要区别在于芯片功能和工作频段不同。

（1）ID卡：全称为身份识别卡（Identification Card），是一种不可写入的感应卡，它与磁卡一样，仅仅使用了"卡的号码"，卡内除了固定的编号外，无任何保密功能，其"卡号"是公开、裸露的，因此ID卡又称"感应式磁卡"，工作频段通常为125 kHz。

ID卡的出现基本淘汰了早期的磁卡或接触式IC卡，是早期的非接触式电子标签，它的优点是使用时不需要机械接触且寿命长，一般将它作为门禁或停车场系统使用者的身份识别；缺点是不可写入用户数据，并且没有密钥安全认证机制，消费数据和金额只能全部存在计算机的数据库内，因而容易因计算机故障而丢失信息，安全性不够高。

图2-51为ID卡的内部结构图，图2-52为常见的不同外形的ID卡。

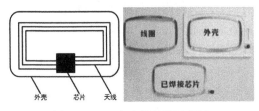

图2-51　ID卡内部结构示意图　　　　　　　　图2-52　常见的ID卡

（2）非接触式IC卡：与ID卡的内部结构相似，外形基本相同，从表面难以区分，但二者最大的区别是非接触式IC卡能够通过射频技术来完成数据的读/写操作，采用读写/器和IC卡双向验证机制，通信过程中所有数据都加密，安全性高，工作频段为13.56 MHz，而ID卡只能进行读取数据，不可写入数据。

（3）CPU卡：可以说是非接触式IC卡的升级版，卡内的集成电路中包括中央处理器（CPU）、只读存储器（ROM）、随机存取存储器（RAM）、电可擦除可编程只读存储器（EEPROM）以及片内操作系统（COS）等主要部分，相当于一台超小型计算机，是一种真正意义上的智能卡片。

CPU卡的先进性体现在：存储空间大，安全性极高，可以杜绝伪造卡、伪造终端、伪造交易等现象，最终保证系统的安全性，因此它是未来卡片发展的趋势，适用于电子钱包、公路自动收费系统、社会保障系统、IC卡加油系统、安全门禁等众多的应用领域，可根据需求定制成不同外形，如图2-53所示。

图2-53　CPU卡

（4）超高频射频卡：RFID的超高频段是指860 MHz～960 MHz之间的频段，超高频射频卡是指工作在这个频段范围内的电子卡片，由于使用场合的不同，外形也不尽相同。这类卡片具有工作距离较远、作用范围广、数据传输速率快、数据保存时间长、安全保密性强、灵活性强等优点，近年来越来越受到重视，主要应用于物品的供销管理、物流、仓储管理、图书馆出租服务、航空行李箱标签、集装箱识别等系统。图2-54为不同形式的超高频射频标签。

超高频射频电子标签　　　　　超高频一卡通射频卡　　　　　超高频RFID动物标签

图2-54　不同形式的超高频射频标签

（5）有源卡：卡内装有电池为其供电，采用射频读卡模式，卡片主动向读/写器发送数据，读/写器能远距离识别卡片信息，工作频率通常为2.4 GHz或3.8 GHz。它的优点是自身带有电池供电，标签可以自我激活，且读/写距离较远；缺点是卡片的尺寸较大、较厚，成本比较高，且使用寿命受到电池的影响，随着电池电力的消耗，数据传输的距离会越来越短，需要定期更换电池。有源卡免去了近距离排队刷卡的时间，目前多用于停车场系统、智能家居等领域。图2-55所示为常见的有源卡。

纽扣电池，可用1~5年
内置2.4 G电路芯片

图 2-55　常见的有源卡

典型案例 4　高铁人流控制转闸系统实训装置

1. 典型案例简介

为了加深读者对出入口控制系统常用器材的学习，以西元高铁人流控制转闸系统实训装置为典型案例，介绍出入口控制系统的常用器材。图2-56所示为西元高铁人流控制转闸系统实训装置，该装置为全钢结构，开放式设计，精选了转闸控制柜、AI动态人脸识别机、RFID射频识别控制器等多种高铁人流控制转闸设备，同时配置了完善的软件系统，能进行硬件安装实训和软件调试实训操作。

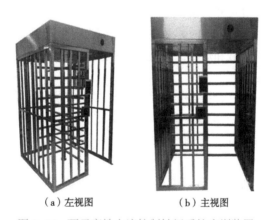

（a）左视图　　　　　（b）主视图

图 2-56　西元高铁人流控制转闸系统实训装置

西元高铁人流控制转闸系统实训装置的技术规格与参数如表2-12所示。

表2-12　西元高铁人流控制转闸系统实训装置技术规格与参数表

类别	技术规格		
产品型号	KYZNH-71-6	产品尺寸	1 600 × 1 500 × 2 270 mm
产品质量	150 kg	电压/功率	交流220 V/150 W

类别	技术规格	
产品主要配套设备	1. 控制柜1台	2. 通道支架2个
	3. 转闸1个	4. AI动态人脸识别机2台
	5. RFID射频识别控制器2台	6. RFID射频授权控制器1台
	7. 配套软件1套	8. 笔记本电脑1台
	9. 网络交换机1台	
实训人数	每台设备能够满足2~4人同时实训	

2. 高铁人流控制转闸主要配置

1）控制柜主要配置

（1）控制柜整体为全钢结构，安装在通道上方，尺寸为1 500 mm×1 500 mm×270 mm。

（2）转闸控制主板1个。控制柜内配置和安装有控制主板1个，它为系统的核心控制部件，用于完成整个转闸系统的智能化控制和管理，其尺寸为90 mm×180 mm。

（3）直流电磁铁2台。控制柜内配置和安装有直流电磁铁2台，通过对卡扣装置的吸合与放开，控制转闸的锁合和解锁状态，其尺寸为45 mm×50 mm×130 mm。

（4）限位控制器1个。控制柜内配置和安装有限位控制器1个，用于控制直流电磁铁的通断状态，进而控制转闸的动作行程，其尺寸为20 mm×20 mm×35 mm。

（5）执行机构1套。控制柜内配置和安装有执行机构1套，由转轴齿轮及相关的配件组成，是连接电磁铁与转闸的联动执行装置。

（6）通行通道指示屏2个。控制柜内配置安装有通行通道指示屏2个，通过LED屏显示的绿色箭头↙指示道闸通行通道方向，屏幕尺寸为Φ100 mm，控制主板尺寸为100 mm×100 mm。

（7）直流电源1台。控制柜内配置安装有直流电源1台，将交流输入电压转换为直流输出电压，用于系统设备的供电，其尺寸为60 mm×25 mm×110 mm。

（8）漏电保护开关1个。控制柜内配置和安装有漏电保护开关1个，用于控制整个道闸系统电源通断，同时具有漏电、过载和短路保护功能，其尺寸为60 mm×60 mm×95 mm。

2）通道支架2个

装置配置有通道支架2个，全钢结构，立式安装，用于左机通道的构成。通道支架由不同规格的方钢焊接而成，包括"一"字形支架1个，整体尺寸为50 mm×1 500 mm×2 000 mm，"U"形支架一个，整体尺寸为765 mm×1 500 mm×2 000 mm。

3）转闸1个

全钢结构，转轴和转臂呈十字形结构，转闸上方用定位卡环将转轴和转臂固定，下方转轴放置在底座的轴承上，确保十字转轴转动顺畅，整体尺寸为1 300 mm×1 300 mm×2 300 mm。

4）AI动态人脸识别机2台

实训装置配置和安装有AI动态人脸识别机2台，并配置有电源适配器1个，具有人脸检测、人脸搜索、人脸验证等功能，用于动态人脸识别，判断其合法性，同时发出是否开闸的指令，其尺寸为120 mm×25 mm×220 mm。

5）RFID射频识别控制器2台

实训装置配置和安装有RFID射频识别控制器2台，用于识别读取用户IC卡信息，辨别卡的合法性，其识别区域尺寸为105 mm×105 mm，控制主板尺寸为170 mm×35 mm。

6）RFID射频授权控制器1台

（1）配置有RFID射频授权控制器1台，利用无线电射频识别技术实现IC射频卡的读取和授权，其尺寸为100 mm×140 mm×30 mm。

（2）配置有USB2.0串口数据线1根，长1 470 mm，用于连接计算机串口，完成数据传输功能。

7）配套软件1套

（1）数据库软件。

（2）道闸调试软件。

（3）信息同步软件。

（4）系统管理软件。

8）笔记本电脑1台

实训装置配置有笔记本电脑1台，用于地铁出入控制道闸系统的调试与设置，主要配置为14寸显示器，I5处理器，2 GB内存，500 G硬盘。

9）网络交换机1台

实训装置配置有网络交换机1台，用于地铁出入控制道闸系统的数据传输，规格为19英寸1U，24口。

3. 高铁人流控制转闸实训装置的特点

（1）典型案例。实训装置集成高铁人流控制道闸系统的先进技术和典型行业应用，具有行业代表性。

（2）原理演示。实训装置集成安装了一套完整的高铁人流控制转闸系统，通电后就能正常工作，满足器材认识与技术原理演示要求。

（3）理实一体。实训装置精选了全新的高铁人流控制转闸设备，搭建工程实际应用环境，展示最新应用技术，学生能够在一个真实的应用环境中进行理实一体化实训操作。

（4）软硬结合。实训装置精选了道闸控制柜、AI动态人脸识别机、RFID射频识别控制器等多种高铁人流控制转闸设备，同时配置了完善的软件系统，能进行硬件安装实训和软件调试实训操作。

（5）结构合理。实训装置为全钢结构，开放式设计，落地安装，立式操作，稳定实用，节约空间。

4. 高铁人流控制转闸实训装置产品功能实训与课时

该实训装置具有10个实训项目，共计18个课时，具体如下：

实训项目一：高铁人流控制转闸系统认知实训（2课时）

实训项目二：高铁人流控制转闸系统基本操作实训（2课时）

实训项目三：高铁人流控制转闸系统设备安装与接线实训（4课时）

实训项目四：高铁人流控制转闸系统控制主板调试实训（2课时）

实训项目五：数据库软件配置与安装实训（2课时）

实训项目六：道闸调试软件调试实训（2课时）

实训项目七：信息同步软件调试实训（2课时）

实训项目八：道闸系统管理软件调试实训（2课时）

习　题

1. 填空题（10题，每题2分，合计20分）

（1）射频识别控制器是一种_____，集成了半导体技术、_____、高效解码算法等多种技术。（参考2.1.1知识点）

（2）指纹识别控制器采集到的指纹信息并不是指纹的图片，而是以一种特殊算法计算得到的一串_____。（参考2.1.2知识点）

（3）通信系统一般包括信源、_____、信道、_____和信宿。（参考2.2.1知识点）

（4）T568B线序为_____。（参考2.2.2知识点）

（5）一体化道闸控制板是出入口控制系统的核心控制部件，用于完成出入口控制系统所有信息的_____和_____。（参考2.3.1知识点）

（6）根据其应用技术原理的不同，指纹采集器可分为_____、电容式、_____和超声波式指纹采集器。（参考2.3.3知识点）

（7）出入口控制系统管理软件一般包括数据库软件、_____、信息同步软件和_____等，实现对出入口控制系统的智能管理。（参考2.3.4知识点）

（8）红外对射探测器一般由发射端和接收端组成，_____需连接电源线，_____需要连接接电源线和信号线。（参考2.4.2知识点）

（9）语音提示播放器主要是用于辅助提示行人通行，包括_____和_____。（参考2.4.5知识点）

（10）人行通道闸主要由_____部分和_____部分组成。（参考2.4.6知识点）

2. 选择题（10题，每题3分，合计30分）

（1）RFID系统主要由射频标签和（　　）组成。（参考2.1.1知识点）

A. 存储器　　　　B. 控制器　　　　C. 射频识读器　　　D. 调制器

（2）指纹识别控制器具备（　　）功能？（参考2.1.2知识点）

A. 指纹采集　　　B. 指纹存储　　　C. 指纹比对　　　　D. 结果输出

（3）人脸识别机可对人脸进行（　　）操作？（参考2.1.3知识点）

A. 检测　　　　　B. 采集　　　　　C. 生成　　　　　　D. 验证

（4）（　　）设备把各种信息转换成原始电信号，（　　）把原始信号转换成适合信道传输的电信号或光信号。（参考2.2.1知识点）

A. 信宿　　　　　　　　　　　　　B. 信源

C. 信道　　　　　　　　　　　　　D. 发送设备

（5）（　　）电缆表示铜导体聚氯乙烯绝缘护套软电缆。（参考2.2.2知识点）

A. RV　　　　　　B. RVV　　　　　C. BV　　　　　　D. BVV

（6）一体化道闸控制板可连接（　　）设备？（参考2.3.1知识点）

A. 人脸识别机　　　　　　　　　　B. 网络交换机

C. 指纹采集器　　　　　　　　　　D. 电磁限位控制器

（7）一体化摆闸副板的功能设置、工作电源由主板通过（　　）实现。（参考2.3.1知识点）

A. 同轴电缆　　　B. 网络双绞线　　C. 光纤　　　　　　D. 同步线

（8）RFID射频授权控制器俗称发卡器，可以进行（　　　）操作。（参考2.3.2知识点）

A．读卡　　　　　　　　　　　　　B．写卡

C．授权　　　　　　　　　　　　　D．格式化

（9）下列属于信息同步软件功能的是（　　　）。（参考2.3.4知识点）

A．数据的存储和调用　　　　　　　B．一体化控制板调试

C．系统消息实时显示　　　　　　　D．系统人员管理

（10）下列属于通行提示的是（　　　）。（参考2.4.5知识点）

A．欢迎光临　　　　　　　　　　　B．请勿逆行

C．请勿非法闯入　　　　　　　　　D．欢迎再次光临

3．简答题（5题，每题10分，合计50分）

（1）简述RFID系统的基本工作过程。（参考2.1.1知识点）

（2）简述指纹识别技术的主要过程。（参考2.1.2知识点）

（3）画出通信的基本模型，并简要说明各组成部分。（参考2.2.1知识点）

（4）出入口控制系统一般包括哪些管理软件？简述其基本功能。（参考2.3.4知识点）

（5）出入口控制系统常用的工具有哪些？并说明其使用时的注意事项（至少列出5个）。（参考2.5知识点）

实训项目3　电工端接安装与测试实训

1．实训目的

（1）了解电工端接设备。

（2）掌握电工端接方法和技巧。

2．实训要求

完成西元电工端接实训装置上16条线路的端接。

3．实训设备和操作要点

1）实训设备

西元电工配线端接实训装置，型号为KYZNH–21。

2）操作要点

（1）按正确步骤逐步操作。

（2）工具的正确使用和规范操作。

4．实训内容及步骤

如图2–57所示为西元电工端接实训装置，本装置特别适合电工剥线和端接方法实训，掌握电工端接基本操作技能。设备为交流220 V电源输入，设备接线柱和指示灯的工作电压为≤ 12 V直流安全电压。

实训步骤：

（1）多芯软线（RV线）端接。

第一步：用电工剥线钳，剥去电线两端的护套。

第二步：将多线芯用手沿顺时针方向拧紧成一股。

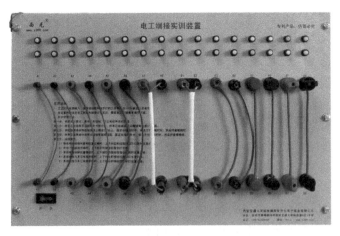

图 2-57 西元电工端接实训装置

第三步：将软线两端分别在接线柱上缠绕1周以上，固定在接线柱中，缠绕方向为顺时针，然后拧紧接线柱。如图 2-58 所示为相关步骤示意图。

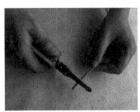  

图 2-58 多芯软线（RV 线）端接示意图

（2）单芯硬线端接（BV线）端接。

第一步：用电工剥线钳或电工刀，剥去电线两端的护套。

第二步：用尖嘴钳弯曲电线接头，将线头向左折，然后紧靠螺杆顺时针方向向右弯。

第三步：将电线接头在螺杆上弯成环状，然后拧紧接线柱。

（3）香蕉插头端接。

第一步：拧去香蕉插头的绝缘套，将固定螺丝松动。

第二步：用电工剥线钳，剥去电线两端的护套，将多线芯沿顺时针方向拧紧成一股。

第三步：将电线接头穿入香蕉插头尾部接线孔，拧紧固定螺丝，装上绝缘套。

第四步：将接好的香蕉插头插入上下对应的接线柱香蕉插座中。

如图 2-59 所示为相关步骤示意图。

图 2-59 香蕉插头端接示意图

（4）端接测试。

每根电线端接可靠和位置正确时，上下对应的接线柱指示灯同时反复闪烁。

电线一端端接开路时，上下对应的接线柱指示灯不亮；某根电线端接位置错误时，上下错位的接线柱指示灯同时反复闪烁；某根电线与其他电线并联时，上下对应的接线柱指示灯反复闪烁；某根电线与其他电线串联时，上下对应的接线柱指示灯反复闪烁。

5. 实训报告

每个实训项目完成后，必须编制实训报告，实训报告至少应包括下列内容。

（1）实训项目名称。

（2）实训目的。

（3）实训要求和完成时间。

（4）实训设备名称、型号，至少应该包括实训设备、实训工具、实训材料的名称和规格型号。

（5）实训操作步骤和具体要点，给出主要操作步骤的技能要点描述和实操照片，包括完成作品的照片，至少有1张本人出镜的照片。

（6）实训收获，必须清楚描述本人已经完成的实训工作量，已经掌握的实践技能和熟练程度。

实训项目4　电工压接安装与测试实训

1. 实训目的

（1）了解电工压接设备。

（2）掌握电工压接方法和技巧。

2. 实训要求

完成西元电工压接实训装置上24条线路的压接。

3. 实训设备和操作要点

1）实训设备

西元电工配线端接实训装置，型号为KYZNH-21。

2）操作要点

（1）按正确步骤逐步操作。

（2）工具的正确使用和规范操作。

4. 实训内容及步骤

如图2-60所示为西元电工压接实训装置，本装置特别适合电工压接线方法实训，掌握电工压接线基本操作技能。设备为交流220 V电源输入，设备接线端子和指示灯的工作电压为≤12 V直流安全电压。

实训步骤：

（1）电线电缆压接：我们以多芯软线电缆的压接为例进行详细介绍。

第一步：裁线。取出多芯软线电缆，按照跳线总长度需要用剪刀裁线。

第二步：剥除护套。用电工剥线钳剥去电线两端的护套。注意不要划透护套，避免损伤线芯，如图2-61所示。注：剥除护套长度宜为6 mm。

第三步：将剥开的多芯软线用手沿顺时针方向拧紧，套上冷压端子，如图2-62所示。

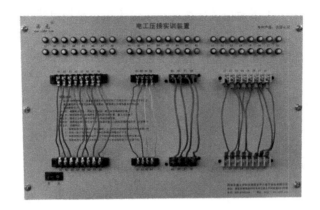

图 2-60　西元电工压接实训装置

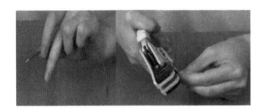

图 2-61　用剥线钳剥除护套

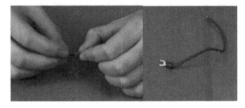

图 2-62　套上冷压端子

第四步：用电工压线钳将冷压端子与导线压接牢靠，如图 2-63 所示。

第五步：制作压接另一端冷压端子。重复上述步骤，完成另一端线缆的压接。

第六步：将两端压接好冷压端子的导线接在面板上相应的接线端子中，拧紧螺丝，如图 2-64 所示。

说明：实训中针对不同直径的线缆，应选用剥线钳不同的豁口进行剥线操作。实训中针对绝缘和非绝缘冷压端子，应采用不同的专用冷压钳压接。

图 2-63　压接冷压端子

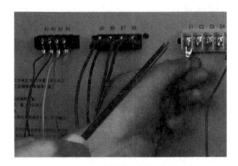

图 2-64　将线缆接在接线端子中

（2）压接线测试：

每根电线压接可靠位置正确时，上下对应的接线端子指示灯同时反复闪烁；电线其中一端，压接开路时，上下对应的接线端子指示灯不亮；某根电线压接的位置错误时，上下错位的接线端子指示灯同时反复闪烁；某根电线与其他电线并联时，上下对应的接线端子指示灯反复闪烁。

5. 实训报告

每个实训项目完成后，必须编制实训报告，实训报告至少应包括下列内容。

（1）实训项目名称。

（2）实训目的。

（3）实训要求和完成时间。

（4）实训设备名称、型号，至少应该包括实训设备、实训工具、实训材料的名称和规格型号。

（5）实训操作步骤和具体要点，给出主要操作步骤的技能要点描述和实操照片，包括完成作品的照片，至少有1张本人出镜的照片。

（6）实训收获，必须清楚描述本人已经完成的实训工作量，已经掌握的实践技能和熟练程度。

实训项目 5　PCB 基板端接与测试实训

1. 实训目的

（1）了解PCB基板端接设备。

（2）掌握PCB基板端接方法和技巧。

2. 实训要求

完成西元电工电子端接实训装置上24条线路的端接。

3. 实训设备和操作要点

1）实训设备

西元电工配线端接实训装置，型号为KYZNH-21。

2）操作要点

（1）按正确步骤逐步操作。

（2）工具的正确使用和规范操作。

4. 实训内容及步骤

如图2-65所示为西元电工电子端接实训装置，本装置特别适合电子PCB基板端接技术实训，掌握PCB基板端接基本操作技能。设备为交流220 V电源输入，设备接线端子和指示灯的工作电压为≤12 V直流安全电压。

1）实训步骤

第一步：用剥线钳剥去线缆绝缘皮，露出线芯，长度合适。

第二步：将多股软线用手沿顺时针方向拧紧。

第三步：用电烙铁给线芯搪锡。

第四步：端接线缆，如图2-66所示。

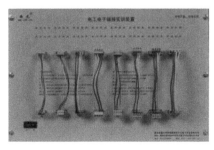

图 2-65　西元电工电子端接实训装置

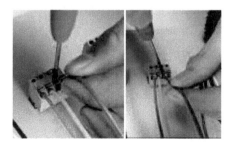

图 2-66　端接线缆

A.螺丝式端接方法。将线芯插入接线孔内，拧紧螺丝。

B.免螺丝式端接方法。首先用一字头螺丝刀将压扣开关按下，把线芯插入接线孔中，然后松开压扣开关即可。

2）线缆测试

线缆端接可靠和位置正确时，上下对应的一组指示灯同时反复闪烁；线缆任何一端开路时，上下对应的一组指示灯不亮；线缆任何一端并联时，上下对应的指示灯反复闪烁；线缆端接错位时，上下指示灯按照实际错位的顺序反复闪烁。

5. 实训报告

每个实训项目完成后，必须编制实训报告，实训报告至少应包括下列内容。

（1）实训项目名称。

（2）实训目的。

（3）实训要求和完成时间。

（4）实训设备名称、型号，至少应该包括实训设备、实训工具、实训材料的名称和规格型号。

（5）实训操作步骤和具体要点，给出主要操作步骤的技能要点描述和实操照片，包括完成作品的照片，至少有1张本人出镜的照片。

（6）实训收获，必须清楚描述本人已经完成的实训工作量，已经掌握的实践技能和熟练程度。

实训项目 6 音视频线制作与测试实训

1. 实训目的

（1）了解音视频线制作与测试设备

（2）掌握音视频线的制作及接头焊接的方法和技巧。

2. 实训要求

完成西元音视频线制作与测试实训装置上12条线路的端接。

3. 实训设备和操作要点

1）实训设备

西元电工配线端接实训装置，型号为KYZNH–21。

2）操作要点

（1）按正确步骤逐步操作。

（2）工具的正确使用和规范操作。

4. 实训内容及步骤

如图2–67所示为西元音视频线制作与测试实训装置。本装置特别适合RCA、BNC等接头的制作与测试技能实训，掌握音视频线制作的基本操作技能。设备为交流220 V电源输入，设备接线端子和指示灯的工作电压为 ≤ 12 V直流安全电压。

RCA接头和BNC接头的制作方法相同，我们以BNC接头音视频线的制作为例进行介绍。

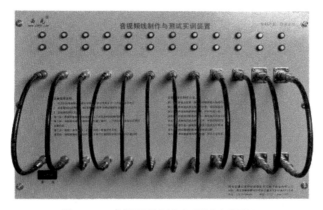

图 2-67　音视频线制作与测试实训装置

1）BNC接头音视频线的制作

第一步：将接头尾套、弹簧和绝缘套穿入线缆中，如图2-68所示。

第二步：用旋转剥线器剥去线缆外套，保留屏蔽网，如图2-69所示。

图 2-68　将尾套、弹簧和绝缘套穿入线缆　　图 2-69　剥去线缆外套

第三步：将屏蔽网整理到一侧，同时拧成一股，如图2-70所示。

第四步：用剥线钳剥去绝缘皮，露出线芯，长度合适，如图2-71所示。

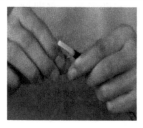

图 2-70　整理屏蔽网　　　　　　图 2-71　剥去绝缘皮

第五步：将屏蔽网穿入线夹孔，线芯插入探针孔中。

第六步：依次焊接线芯与探针孔，焊接屏蔽网与线夹孔，如图2-72、图2-73所示。

第七步：用尖嘴钳把线夹和绝缘皮夹紧，如图2-74所示。

第八步：将绝缘套移到焊接位置，然后拧紧尾套，如图2-75所示。

图 2-72　焊接线芯

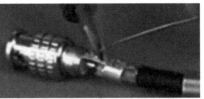

图 2-73　焊接屏蔽网

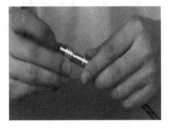

图 2-74　夹紧线夹和绝缘皮　　　　　　　　图 2-75　拧紧尾套

2）音视频线测试

线缆接头端接可靠和插接位置正确时，上下对应的一组指示灯同时反复闪烁；线缆一端开路时，上下对应的一组指示灯不亮；线缆插接位置错误时，上下指示灯按照实际错位的顺序反复闪烁。

5. 实训报告

每个实训项目完成后，必须编制实训报告，实训报告至少应包括下列内容。

（1）实训项目名称。

（2）实训目的。

（3）实训要求和完成时间。

（4）实训设备名称、型号，至少应该包括实训设备、实训工具、实训材料的名称和规格型号。

（5）实训操作步骤和具体要点，给出主要操作步骤的技能要点描述和实操照片，包括完成作品的照片，至少有1张本人出镜的照片。

（6）实训收获，必须清楚描述本人已经完成的实训工作量，已经掌握的实践技能和熟练程度。

岗位技能竞赛

为了营造"学技能、练技能、比技能"的良好学习氛围，老师可组织学生以上述实训项目为竞赛内容，进行岗位技能竞赛活动，提高学生学习的积极性和趣味性，更好地掌握该实训技能。如下以电工压接技能速度竞赛为例介绍。

电工压接技能速度竞赛

预赛：老师可根据学生人数进行分组，首先进行组内PK，建议每组4~5人。

（1）竞赛方式：组内每人制作6根冷压接跳线（其中3根使用非绝缘冷压端子，3根使用绝缘冷压端子），胜出者作为本组决赛代表。

（2）评比方式：以冷压接跳线合格数为主，制作速度为辅的原则进行评比，跳线测试合格数量多，且制作时间短者胜出。

决赛：每组的胜出者作为决赛代表，进行组间PK，选出最终优胜者，作为冠军。

（1）竞赛方式：完成电工压接实训装置上全部24根各种线缆的冷压接制作，并正确端接在实训装置上。

（2）评比方式：结合用时、操作的规范性及测试的合格数，综合实力最高者胜出。

单元 3

出入口控制系统工程常用标准

图样是工程师的语言，标准是工程图样的语法，本单元的任务就是学习和掌握有关出入口控制系统工程常用国家标准的知识。

学习目标：

• 了解 GB 50314—2015《智能建筑设计标准》、GB 50606—2010《智能建筑工程施工规范》、GB 50339—2013《智能建筑工程质量验收规范》三个标准中有关出入口控制系统工程的内容。

• 掌握 GB 50396—2007《出入口控制系统工程设计规范》、GB/T 37078—2018《出入口控制系统技术要求》的主要内容。

• 熟悉 GB 50348—2018《安全防范工程技术标准》、GA/T74—2017《安全防范系统通用图形符号》标准中有关出入口控制系统的内容。

3.1 标准的重要性和类别

3.1.1 标准的重要性

GB/T 20000.1《标准化工作指南第 1 部分：标准化和相关活动的通用术语》国家标准中，对于标准的定义为"通过标准化活动，按照规定的程序经协商一致制定，为各种活动或其结果提供规则、指南或特性，供共同使用和重复使用的文件"。

出入口控制系统是智能建筑重要的安全技术防范设施，一般设计安装在建筑物/建筑群的各个出入口部位，对出入目标实行管制，其功能直接影响着智能建筑的使用，也直接关系到智能建筑在使用过程中的舒适性和人性化程度。在实际工程设计安装中，必须依据相关标准，结合用户要求和现场实际情况进行个性化设计。笔者多年的实践工作经验认为，"图样是工程师的语言，标准是工程图样的语法"，离开标准无法设计和施工。

3.1.2 标准术语和用词说明

一般国家标准第二章为术语，对该标准常用的术语做出明确的规定或定义，在标准的最后有用词说明，方便在执行标准的规范条文时区别对待，GB 50314《智能建筑设计标准》对要求严格程度不同的用词说明如下：

（1）表示很严格，非这样做不可的，正面词采用"必须"，反面词采用"严禁"。

（2）表示严格，在正常情况下均应这样做的，正面词采用"应"，反面词采用"不应"或

"不得"。

（3）表示允许稍有选择，在条件许可时首先应这样做的，正面词采用"宜"，反面词采用"不宜"。

（4）表示有选择，在一定条件下可以这样做的，采用"可"。

（5）标准条文中指明应按其他有关标准执行的写法为"应符合……的规定"或"应按……执行"。

3.1.3　标准的分类

《中华人民共和国标准化法》将标准划分为国家标准、行业标准、地方标准、企业标准共四类，本单元选择在实际工程中，经常使用的国家标准和行业标准进行介绍，相关地方标准和企业标准不再介绍。

目前我国非常重视标准的编写和发布，在出入口控制系统行业已经建立了比较完善的标准体系，涉及的主要国家标准和行业标准如下：

（1）GB 50314—2015《智能建筑设计标准》。

（2）GB 50606—2010《智能建筑工程施工规范》。

（3）GB 50339—2013《智能建筑工程质量验收规范》。

（4）GB 50348—2018《安全防范工程技术标准》。

（5）GB 50396—2007《出入口控制系统工程设计规范》。

（6）GB/T 37078—2018《出入口控制系统技术要求》。

（7）GA/T 74—2017《安全防范系统通用图形符号》。

3.2　GB 50314—2015《智能建筑设计标准》简介

3.2.1　标准适用范围

GB 50314—2015《智能建筑设计标准》由住房和城乡建设部和国家质量监督检验检疫总局联合发布，由住房和城乡建设部在2015年3月8日公告，公告号为778号，从2015年11月1日起开始实施。该标准是为了规范智能建筑工程设计，提高和保证设计质量专门制定，适用于新建、扩建和改建的民用建筑及通用工业建筑等的智能化系统工程设计，民用建筑包括住宅、办公、教育、医疗等。标准要求智能建筑工程的设计应以建设绿色建筑为目标，做到功能实用、技术适时、安全高效、运营规范和经济合理，在设计中应增强建筑物的科技功能和提升智能化系统的技术功效，具有适用性、开放性、可维护性和可扩展性。图3-1为该标准的封面，图3-2为标准的公告页。

3.2.2　出入口控制系统工程的设计规定

该标准共分18章，主要规范了建筑物中的智能化系统的设计要求，第1～4章为智能建筑设计的总则、术语、工程架构、设计要素。第5～18章为住宅建筑、办公建筑、旅馆建筑、文化建筑、博物馆建筑、观演建筑、会展建筑、教育建筑、金融建筑、交通建筑、医疗建筑、体育建筑、商店建筑、通用工业建筑等不同建筑的设计。

第4章设计要素中，"4.6公共安全系统"中明确规定，安全技术防范系统中宜包括安全防范综合管理平台和出入口控制、视频安防监控、入侵报警、访客对讲、停车场安全管理等系统。

图 3-1　标准封面　　　　　　　　　图 3-2　标准公告页

第5～18章的各种智能建筑设计中，明确要求出入口控制系统的设计应按 GB 50348—2018《安全防范工程技术标准》和出入口控制系统相关的现行国家标准的规定执行，同时针对各种智能建筑的不同用途，特别给出了具体设计配置规定和要求，下面为几种常见智能建筑设计中与出入口控制系统有关的内容。

在第5章住宅建筑设计中，安全技术防范系统配置应按表3-1的规定。非超高层住宅建筑、超高层住宅建筑中，安全技术防范系统的配置不宜低于 GB 50348—2018《安全防范工程技术标准》的有关规定。

表3-1　住宅建筑安全技术防范系统配置表

安全技术防范系统	住宅建筑	非超高层住宅建筑	超高层住宅建筑
	智能化系统		
	出入口控制系统	按照国家现行有关标准进行配置	
	电子巡查系统	按照国家现行有关标准进行配置	
机房工程	安防监控中心	应配	应配

说明：此表根据 GB 50314—2015《智能建筑设计标准》表5.0.2整理。

在第6章办公建筑设计中，安全技术防范系统配置应按表3-2的规定。通用办公建筑、行政办公建筑中，安全技术防范系统应符合现行国家标准 GB 50348—2018《安全防范工程技术标准》的有关规定。

表3-2　办公建筑安全技术防范系统配置表

安全技术防范系统	办公建筑	通用办公建筑		行政办公建筑		
	智能化系统	普通办公建筑	商务办公建筑	其他	地市级	省部级及以上
	出入口控制系统	应配	应配	应配	应配	应配
	电子巡查系统	应配	应配	应配	应配	应配
机房工程	安防监控中心	应配	应配	应配	应配	应配
安全防范综合管理平台系统		宜配	应配	宜配	应配	应配

说明：此表根据 GB50314—2015《智能建筑设计标准》表6.2.1和6.3.1相关规定整理。

在第12章教育建筑设计中，安全防范配置应按表3-3的规定。高等学校、高级中学、初级中学和小学，应根据学校建筑的不同规模和管理模式配置，安全技术防范系统应符合现行国家标准GB 50348—2018《安全防范工程技术标准》的有关规定。

表3-3　教育建筑安全防范配置表

安全技术防范系统	教育建筑	高等学校		高级中学		初级中学和小学	
	智能化系统	高等专科学校	综合性大学	职业学校	普通高级中学	小学	初级中学
	出入口控制系统	应配	应配	应配	应配	应配	应配
	电子巡查系统	应配	应配	应配	应配	应配	应配
机房工程	安防监控中心	应配	应配	应配	应配	应配	应配
	安全防范综合管理平台系统	可配	应配	宜配	应配	可配	可配

说明：表3-3根据GB50314—2015《智能建筑设计标准》表12.2.1和表12.3.1及表12.4.1整理。

在第14章交通建筑设计中，安全防范配置应按表3-4的规定。民用机场航站楼，视频安防监控系统规模较大时宜采用专用网络系统，安全技术防范系统应符合机场航站楼的运行及管理需求。铁路客运站，安全技术防范系统应结合铁路旅客车站管理的特点，采取各种有效的技术防范手段，满足铁路作业、旅客运转的安全机制的要求。

表3-4　交通建筑安全防范配置表

安全技术防范系统	交通建筑	民用机场航站楼		铁路客运站			城市轨道交通站		汽车客运站			
	智能化系统	支线	国际	三等	一等二等	特等	一般	枢纽	四级	三级	二级	一级
	出入口控制系统	按照国家现行有关标准进行配置										
	电子巡查系统											
机房工程	安防监控中心	应配	应配	应配	应配	应配	应配	应配	应配	应配	应配	应配
	智能化设备间	应配	应配	应配	应配	应配	应配	应配	应配	应配	应配	应配
	安全防范综合管理平台系统	应配	应配	宜配	应配	应配	应配	应配	可配	宜配	应配	应配

说明：表3-4根据GB50314—2015《智能建筑设计标准》表14.2.1、表14.3.1、表14.4.1、表14.5.1整理。

3.3 GB 50606—2010《智能建筑工程施工规范》简介

3.3.1 标准适用范围

GB 50606—2010《智能建筑工程施工规范》由住房和城乡建设部和国家质量监督检验检疫总局联合发布，由住房和城乡建设部在2010年7月15日公告，公告号为668号，从2011年2月1日起开始实施。该标准是为了加强智能建筑工程施工过程的管理，提高和保证施工质量专门制定，适用于新建、改建和扩建工程中的智能建筑工程施工。标准要求智能建筑工程的施工，要做到技术先进、工艺可靠、经济合理、管理高效。图3-3为该标准的封面，图3-4为标准的公告页。

图 3-3　标准封面　　　　　　　　　　　　　图 3-4　标准公告页

3.3.2　出入口控制系统工程的施工规定

该标准共分 17 章，主要规范了建筑物的智能化施工要求，第 1~4 章为智能建筑施工的总则、术语、基本规定、综合管线。第 5~15 章为智能建筑各子系统的施工要求，包括：综合布线系统、信息网络系统、卫星接收及有线电视系统、会议系统、广播系统、信息设施系统、信息化应用系统、建筑设备监控系统、火灾自动报警系统、安全防范系统、智能化集成系统。第 16~17 章为防雷与接地、机房工程。

在第 14 章"安全防范系统"中对出入口控制系统的施工要求如下：

1. 施工准备

（1）出入口控制系统的设备应有强制性产品认证证书和"CCC"标志，或进网许可证、合格证、检测报告等文件资料，产品名称、型号、规格应与检验报告一致。图 3-5 所示为 3C 中国强制性产品认证标志，图 3-6 所示为进网许可证，图 3-7 所示为产品合格证。

图 3-5　3C 认证标志　　　　图 3-6　进网许可证　　　　图 3-7　产品合格证

（2）进口设备应有国家商检部门的有关检验证明。一切随机的原始资料，自制设备的设计计算资料、图纸、测试记录、验收鉴定结论等应全部清点、整理归档。

2. 设备安装

出入口控制系统安装除应执行现行国家标准 GB 50396—2007《出入口控制系统工程设计规范》的相关规定外，尚应符合下列规定：

（1）识读设备的安装位置应避免强电磁辐射辐射源、潮湿、有腐蚀性等恶劣环境。

（2）控制器、读卡器不应与大电流设备共用电源插座。

（3）控制器宜安装在弱电间等便于维护的地点。

（4）读卡器类设备安装完成后应加防护结构面，并应能防御破坏性攻击和技术开启。

（5）控制器与读卡机间的距离不宜大于50 m。

（6）配套锁具安装应牢固，启闭应灵活。

（7）红外光电装置应安装牢固，收、发装置应相互对准，并应避免太阳光直射。

（8）信号灯控制系统安装时，警报灯与检测器的距离不应大于15 m。

（9）使用人脸、眼纹、指纹、掌纹等生物识别技术，进行识读的出入口控制系统设备的安装应符合产品技术说明书的要求。

3. 质量控制

（1）系统设备应安装牢固，接线规范、正确，并应采取有效的抗干扰措施。

（2）应检查系统的互连互通，各个设备之间的联动应符合设计要求。

（3）防雷与接地工程施工应符合相关规定。

4. 系统调试

出入口控制系统调试除应执行GB 50348—2018《安全防范工程技术标准》的相关规定外，尚应符合下列规定：

（1）每一次有效的进入，系统应储存进入人员的相关信息，对非有效进入及胁迫进入应有异地报警功能。

（2）检查系统的响应时间及事件记录功能，检查结果应符合设计要求。

（3）系统与考勤、计费及目标引导（车库）等一卡通联合设置时，系统的安全管理应符合设计要求。

（4）调试出入口控制系统与报警、电子巡查等系统间的联动或集成功能。调试出入口控制系统与火灾自动报警系统间的联动功能，联动和集成功能应符合设计要求。

（5）检查系统与智能化集成系统的联网接口，接口应符合设计要求。

5. 自检自验

出入口控制系统的检验除应执行GB 50339—2013《智能建筑工程质量验收规范》现行国家标准的相关规定外，尚应符合检验生物识别系统的识别功能、准确率及联动控制功能，并应符合JGJ 16《民用建筑电气设计规范》现行国家标准第13.4.7条的规定，即系统与火灾自动报警联动时，火灾确认后，应自动打开疏散通道上由系统控制的门，并应自动开启门厅的电动旋转门和打开庭院的电动大门等。

6. 质量记录

安全防范系统质量记录除应执行本规范的规定外，尚应执行GB 50348—2018《安全防范工程技术标准》等现行国家标准的有关规定。

3.4　GB 50339—2013《智能建筑工程质量验收规范》简介

3.4.1　标准适用范围

GB 50339—2013《智能建筑工程质量验收规范》由住房和城乡建设部和国家质量监督检验检疫总局联合发布，由住房和城乡建设部在2013年6月26日公告，公告号为83号，从2014年2

月1日起开始实施。该标准是为了加强智能建筑工程质量管理，规范智能建筑工程质量验收，保证工程质量专门制定，适用于新建、改建和扩建工程中的智能建筑工程的质量验收。标准要求智能建筑工程的质量验收，要坚持"验评分离、强化验收、完善手段、过程控制"的指导思想。图3-8为该标准的封面，图3-9为标准的公告页。

图 3-8　标准封面

图 3-9　标准公告页

3.4.2　出入口控制系统工程的验收规定

该标准共分22章，主要规范了智能建筑工程质量的验收方法、程序和质量指标。第1~3章为智能建筑工程质量验收的总则、术语和符号、基本规定。第4~20章为智能建筑各子系统的质量验收要求，包括智能化集成系统、信息接入系统、用户电话交换系统、信息网络系统、综合布线系统、移动通信室内信号覆盖系统、卫星通信系统、有线电视及卫星电视接收系统、公共广播系统、会议系统、信息导引及发布系统、时钟系统、信息化应用系统、建筑设备监控系统、火灾自动报警系统、安全技术防范系统、应急响应系统。第21~22章为机房工程、防雷与接地。

在第19章"安全技术防范系统"中，要求安全技术防范系统可包括安全防范综合管理系统、出入口控制系统、视频安防监控系统、入侵报警系统、可视对讲系统和停车场安全管理系统等子系统，其中对出入口控制系统的检验要求整理如下：

（1）出入口控制系统功能应按设计要求逐项检验。

（2）出入口控制系统各组成部分相关设备抽检的数量不应低于20%，且不应少于3台，数量少于3台时应全部检测。

（3）应检测系统功能，包括出入目标识读装置功能、信息处理/控制设备功能、执行机构功能、报警功能等，并应按GB 50348—2018《安全防范工程技术标准》现行国家标准中有关出入口控制系统检验项目、检验要求及测试方法的规定执行。

3.5　GB 50348—2018《安全防范工程技术标准》简介

3.5.1　标准适用范围

本标准是安全技术防范工程建设的基础性通用标准，是保证安全技术防范工程建设质量，维护国家、集体和个人财产与生命安全的重要技术措施，其属性为强制性国家标准。

本规范的主要内容包括12章：总则、术语、基本规定、规划、工程建设程序、工程设计、工程施工、工程监理、工程检验、工程验收、系统运行与维护、咨询服务。本节会围绕有关出入口控制系统的相关内容作基本介绍。图3-10为该标准的封面，图3-11为标准的公告页。

图 3-10　标准封面

图 3-11　标准公告页

3.5.2　出入口控制系统相关规定

1. 规划

（1）出入口的防护应针对需要防范的风险，按照纵深防护和均衡防护的原则，统筹考虑人力防范能力，协调配置实体防护和（或）电子防护设备、设施，对保护对象从单位、部位和（或）区域、目标三个层面进行防护，且应符合下列规定：

① 应根据现场环境和安全防范管理要求，合理选择实体防护和（或）出入口控制和（或）入侵探测和（或）视频监控等防护措施。

② 应考虑不同的实体防护措施对不同风险的防御能力。

③ 应考虑出入口控制的不同识读技术类型及其防御非法入侵（强行闯入、尾随进入、技术开启等）的能力。

④ 应考虑不同的入侵探测设备对翻越、穿越等不同入侵行为的探测能力，以及入侵探测报警后的人防响应能力。

⑤ 应考虑视频监控设备对出入口的监控效果，通常应能清晰辨别出入人员的面部特征。

（2）当保护对象被确定为防范恐怖袭击重点目标时，应根据防范恐怖袭击的具体需求，强化防护措施。出入口和通道的防护应考虑防爆安全检查设备、人行通道闸和车辆阻挡装置的设置以及设置安全缓冲或隔离区等。

2. 系统设计

1）出入口实体防护设计

（1）根据安全防范管理要求，在满足通行能力的前提下，应减少周界出入口数量；出入口应设置实体屏障，宜远离重要保护目标；人员、车辆出入口宜分开设置；可设置有人值守的警卫室或安全岗亭；无人值守的出入口实体屏障的防护能力应与周界实体屏障相当。

（2）出入口实体屏障宜防止人员穿越、攀越、拆卸、破坏、窥视、尾随等防护功能。

2）出入口电子防护设计

（1）出入口控制系统应根据不同的通行对象进出各受控区的安全管理要求，在出入口处对其所持有的凭证进行识别查验，对其进出实施授权、实时控制与管理，满足实际应用需求。

（2）出入口控制系统的设计内容应包括：与各出入口防护能力相适应的系统和设备的安全等级、受控区的划分、目标的识别方式、出入控制方式、出入授权、出入状态监测、登录信息安全、自我保护措施、现场指示/通告、信息记录、人员应急疏散、独立运行、一卡通用等，并应符合下列规定：

① 设备/部件的安全等级应与出入口控制点的防护能力相适应。出入口控制系统/设备分为四个安全等级，1级为最低等级，4级为最高等级。安全等级对应到每个出入口控制点。

② 应根据安全管理要求及各受控区的出入权限要求，确定各受控区，明确同权限受控区和高权限受控区，并以此作为系统设备的选型和安装位置设置的重要依据。

③ 出入口控制系统应采用编码识读和（或）特征识读方式，对目标进行识别。编码识别应有防泄露、抗扫描、防复制的能力。特征识别应在确保满足一定的拒认率的管理要求基础上降低误识率，满足安全等级的相应要求。

④ 出入口控制系统可选择使用一种出入控制方式或多种出入控制方式的组合。

⑤ 出入口控制系统应根据安全管理要求，对不同目标出入各受限区的时间、出入控制方式等权限进行配置。

⑥ 出入口控制系统对出入口状态应具有监测出入口启/闭状态的功能。

⑦ 出入口控制系统应能对目标的识读结果提供现场指示，当出现非法操作时，系统应能根据不同需要在现场和（或）监控中心发出可视和（或）可听的通告或警示。

⑧ 系统的信息处理装置应能对系统中的有关信息自动记录、存储，并有防篡改和防销毁等措施。

⑨ 系统不应禁止其他紧急系统（如火灾等）授权自由出入的功能。系统必须满足紧急逃生时人员疏散的相关要求。

3. 系统施工

出入口控制设备安装应符合下列规定：

（1）各类识读装置的安装应便于识读操作。

（2）感应式识读装置在安装时，应注意可感应范围，不得靠近高频、强磁场。

（3）受控区内出门按钮的安装，应保证在受控区外，不能通过识读装置的过线孔触及出门按钮的信号线。

（4）锁具安装应保证在防护面外无法拆卸。

4. 系统调试

出入口控制系统调试应至少包括下列内容：

（1）识读装置、控制器、执行装置、管理设备等调试。

（2）各种识读装置在使用不同类型凭证时的系统开启、关闭、提示、记忆、统计、打印等判别与处理。

（3）各种生物识别技术装置的目标识别。

（4）系统出入授权/控制策略，受控区设置、单/双向识读控制、防重入、复合/多重识别、防尾随、异地核准等。

（5）与出入口控制系统共用凭证或其介质构成的一卡通系统设置与管理。

（6）出入口控制系统与消防通道门和入侵报警、视频监控、电子巡查等系统间的联动或集成。

（7）指示/通告、记录/存储等。

（8）出入口控制系统的其他功能。

5．系统检验

（1）工程检验应对系统设备按产品类型及型号进行抽样检验。

（2）出入口控制系统检验，应包括系统架构检验、实体防护检验、电子防护检验、设备安装检验等内容。

（3）工程检验中有不合格项时，允许改正后进行复检。复检时抽样数量应加倍，复检仍不合格则判该项不合格。

（4）系统交付使用后，可进行系统运行检验。

6．系统验收

出入口控制系统应重点检查下列内容：

（1）应检查系统的识读方式、受控区划分、出入权限设置与执行机构的控制等功能。

（2）应检查系统（包括相关部件或线缆）采取的自我保护措施和配置，并与系统的安全等级相适应。

（3）应根据建筑物消防要求，现场模拟发生火警或需紧急疏散，检查系统的应急疏散功能。

3.6　GB 50396—2007《出入口控制系统工程设计规范》简介

本规范是GB 50348—2018《安全防范工程技术规范》的配套标准，也是安全防范系统工程建设的基础性标准之一，是保证安全防范工程建设质量、保护公民人身安全和财产安全的重要技术保障。

本规范共10章，主要内容包括：总则，常用术语，基本规定，系统构成，系统功能，性能设计，设备选型与设置，传输方式，线缆选型与布线，供电、防雷与接地，系统安全性、可靠性、电磁兼容性、环境适应性、监控中心等。本节将对此标准作比较详细的介绍。如图3-12为该标准的封面，图3-13所示为标准的公告页。

3.6.1　总则

（1）为了规范出入口控制系统工程的设计，提高出入口控制系统工程的质量，保护公民人身安全和国家、集体、个人财产安全，制定本规范。

（2）本规范适用于以安全防范为目的的新建、改建、扩建的各类建筑物及其群体的出入口控制系统工程的设计。

（3）出入口控制系统工程的建设，应与建筑及其强、弱电系统的设计统一规划，根据实际情况，可一次建成，也可分步实施。

（4）出入口控制系统应具有安全性、可靠性、开放性、可扩充性和使用灵活性，做到技术先进，经济合理，实用可靠。

图 3-12　标准封面　　　　　　　　　图 3-13　标准公告页

（5）出入口控制系统工程的设计，除应执行本规范外，尚应符合国家现行有关技术标准、规范的规定。

3.6.2　常用术语

本标准的常用术语见所示。

表 3-5　标准常用术语

序	名词术语	英文名	定义
1	出入口控制系统	Access Control System (ACS)	利用自定义符识别或/和模式识别技术对出入口目标进行识别并控制出入口执行机构启闭的电子系统或网络
2	目标	Object	通过出入口且需要加以控制的人员和/或物品
3	目标信息	Object Information	赋予目标或目标特有的、能够识别的特征信息。数字、字符、图形图像、人体生物特征、物品特征、时间等均可成为目标信息
4	钥匙	Key	用于操作出入口控制系统、取得出入权的信息和或其载体
5	人体生物特征信息	Human Body Biologic Chamcteristic	目标人员个体与生俱有的、不可模仿或极难模仿的那些体态特征信息或行为，且可以被转变为目标独有特征的信息
6	物品特征信息	Acticle Chamcteristic	目标物品特有的物理、化学等特性且可被转变为目标独有特征的信息
7	误识	False Identification	系统将某个钥匙识别为系统其他钥匙，包括误识进入和误识拒绝，通常以误识率表示
8	拒认	Refuse Identification	系统对某个经正常操作的本系统钥匙未做出识别响应，通常以拒认率表示
9	复合识别	Combination Identification	系统对某目标的出入行为采用两种或两种以上的信息识别方式并进行逻辑相与判断的一种识别方式
10	防目标重入	Anti Pass-back	能够限制经正常操作已通过某出入口的目标，未经正常通过轨迹而再次操作又通过该出入口的一种控制方式
11	异地核准控制	Remote Approve Control	系统操作人员在非识读现场对虽能通过系统识别、允许出入的目标进行再次确认，并针对此目标遥控关闭或开启某出入口的一种控制方式

3.6.3　基本设计要求

出入口控制系统工程的设计，应符合下列要求：

（1）根据防护对象的风险等级和防护级别、管理要求、环境条件和工程投资等因素，确定系统规模和构成；根据系统功能要求、出入口数量、出入权限、出入时间段等因素来确定系统的设备选型与配置。

（2）出入口控制系统的设置，必须满足消防规定的紧急逃生时人员疏散的相关要求。

（3）供电电源断电时，系统闭锁装置的启闭状态应满足管理要求。

（4）执行机构的有效开启时间，应满足出入口人流量及人员、物品的安全要求。

（5）系统前端设备的选型与设置，应满足现场建筑环境条件和防破坏、防技术开启的要求。

（6）当系统与考勤、计费及目标引导（车库）等一卡通联合设置时，必须保证出入口控制系统的安全性要求。

3.6.4　主要功能、性能要求

1．一般要求

（1）系统的防护能力有全部设备的防护面外壳的防护能力、防破坏能力、防技术开启能力以及系统的控制能力、保密性等因素决定。系统设备的防护能力由低到高分为A、B、C三个等级。

（2）系统响应时间应符合下列规定：

① 系统的下列主要操作响应时间应不大于2 s。

● 在单级网络的情况下，现场报警信息传输到出入口管理中心的响应时间。

● 除工作在异地核准控制模式外，从识读部分获取一个钥匙的完整信息始至执行部分开始启闭出入口动作的时间。

● 在单级网络的情况下，操作员从出入口管理中心发出启闭指令始至执行部分开始启闭出入口动作的时间。

● 在单级网络的情况下，从执行异地核准控制后到执行部分开始启闭出入口动作的时间。

② 现场事件信息经非公共网络传输到出入口管理中心的相应时间应不大于5 s。

（3）系统计时、校时应符合下列规定：

① 非网络型系统的计时精度应小于5秒/天；网络型系统的中心管理主机的计时精度应小于5秒/天，其他与事件记录、显示及识别信息有关的各计时部件的计时精度应小于10秒/天。

② 系统与事件记录、显示及识别信息相关的计时部件应有校时功能；在网络型系统中，运行于中央管理主机的系统管理软件，每天宜设置向其他的与事件记录、显示及识别信息有关的各计时部件校时功能。

（4）系统报警功能分为现场报警、向操作员报警、异地传输报警等，报警信号应为声光提示。在发生以下情况时，系统应报警：

① 当连续若干次（一般最多不超过5次）在目标信息识读设备或管理与控制部分上实施错误操作时。

② 当未使用授权的钥匙而强行通过出入口时。

③ 当未经正常操作而使出入口开启时。

④ 当强行拆除和/或打开B、C级的识读装置时。

⑤ 当B、C级的主电源被切断或短路时。

⑥ 当C级的网络型系统的网络传输发生故障时。

（5）系统应具有应急开启功能，可采用下列方法：

① 使用制造厂特制工具，采取特别方法局部破坏系统部件后，使出入口应急开启，且可迅速修复或更换被破坏部分。

② 采取冗余设计，增加开启出入口通路以实现应急开启。

（6）软件及信息保存应符合下列规定：

① 除网络型系统的中央管理机外，需要的所有软件均应保存到固态存储器中。

② 具有文字界面的系统管理软件，其用于操作、提示、事件显示等的文字应采用简体中文。

③ 当供电不正常、断电时，系统的密钥信息及各记录信息不得丢失。

④ 当系统与考勤、计费及目标引导（车库）等一卡通联合设置时，软件必须确保出入口控制系统的安全管理要求。

（7）系统应能独立运行，并应能与电子巡查、入侵报警、视频安防监控等系统联动，宜与安全防范的监控中心联网。

2. 各部分功能、性能要求

1）识读部分

（1）识读部分应能通过识读现场装置获取操作及钥匙信息并对目标进行识别，应能将信息传递给管理与控制部分处理，宜能接受管理与控制部分的指令。

（2）"误识率""识读响应时间"等指标，应满足管理要求。

（3）对识读装置的各种操作和接受管理/控制部分的指令等，识读装置应有相应的声和/或光提示。

（4）识读装置应操作简便，识读信息可靠。

2）管理控制部分

（1）系统应具有对钥匙的授权功能，使不同级别的目标对各个出入口有不同的出入权限。

（2）应能对系统操作员的授权、登录、交接进行管理，并设定操作权限，使不同级别的操作员对系统有不同的操作能力。

（3）事件记录。

① 系统能将出入事件、操作事件、报警事件等记录存储于系统的相关载体中，并能形成报表以备查看。

② 事件记录应包括时间、目标、位置、行为。其中时间信息应包含：年、月、日、时、分、秒，年应采用千年记法。

③ 现场控制设备中的每个出入口记录总数：A级不小于32条，B、C级不小于1 000条。

④ 中央管理主机的事件存储载体，应至少能存储不少于180天的事件记录，存储的记录应保持最新的记录值。

⑤ 经授权的操作员可对授权范围内的事件记录、存储于系统相关载体中的事件信息，进行检索、显示和/或打印，并可生成报表。

（4）与视频安防监控系统联动的出入口控制系统，应在事件查询的同时，能回放与该出入口相关联的视频图像。

3）执行部分

（1）闭锁部件或阻挡部件在出入口关闭状态和拒绝放行时，其闭锁力、阻挡范围等性能指标应满足使用、管理要求。

（2）出入准许指示装置可采用声、光、文字、图形、物体位移等多种指示，其准许和拒绝两种状态应易于区分。

（3）出入口开启时出入目标通过的时限应满足使用、管理要求。

3.6.5　设备选型与设置

1. 设备选型应符合的要求

（1）防护对象的风险等级、防护级别、现场的实际情况、通行流量等要求。

（2）安全管理要求和设备的防护能力要求。

（3）对管理/控制部分的控制能力、保密性的要求。

（4）信号传输条件的限制对传输方式的要求。

（5）出入口目标的数量及出入口数量对系统容量的要求。

（6）与其他系统集成的要求。

2. 设备的设置应符合的规定

（1）识读装置的设置应便于目标的识读操作。

（2）采用非编码信号控制和/或驱动执行部分的管理与控制设备，必须设置于该出入口的对应受控区、同级别受控区或高级别受控区内。

3.6.6　传输方式、线缆选型与布线

（1）传输方式除应符合 GB 50348—2018《安全防范工程技术标准》现行国家标准的有关规定外，还应考虑出入口控制点位发布、传输距离、环境条件、系统性能要求及信息容量等因素。

（2）线缆的选型应符合 GB 50348—2018《安全防范工程技术标准》现行国家标准的有关规定外，还应符合下列要求：

①识读设备与控制器之间的通信用信号线宜采用多芯屏蔽双绞线。

②门磁开关及出门按钮与控制器之间的通信用信号线，线芯最小截面积不宜小于 0.50 mm^2。

③控制器与执行设备之间的绝缘导线，线芯最小截面积不宜小于 0.75 mm^2。

④控制器与管理主机之间的通信用信号线宜采用双绞铜芯绝缘导线，其线径根据传输距离而定，线芯最小截面积不宜小于 0.50 mm^2。

（3）布线设计应符合 GB 50348—2018《安全防范工程技术标准》现行国家标准的有关规定。

（4）执行部分的输入电缆在该出入口的对应受控区、同级别受控区或高级别受控区外的部分，应封闭保护，其保护结构的抗拉伸、抗弯折强度应不低于镀锌钢管。

3.6.7　供电、防雷与接地

（1）供电设计除应符合 GB 50348—2018《安全防范工程技术规范》现行国家标准的有关规定外，还应符合以下规定：

①主电源可使用市电或电池。备用电源可使用蓄电池及充电器、UPS 电源、发电机。如果系统的执行部分为闭锁装置，且该装置的工作模式为断电开启，B、C 级的控制设备必须配置备用电源。

②当电池作为主电源时，其容量应保证系统正常开启 10 000 次以上。

③备用电源应保证系统连续工作不少于 48 h，且执行设备能正常开启 50 次以上。

（2）防雷与接地除应符合 GB 50348—2018《安全防范工程技术规范》现行国家标准的有关

规定外，还应符合下列规定：

① 置于室外的出入口控制系统设备宜具有防雷保护措施。

② 置于室外的设备输入、输出端口宜设置信号线路浪涌保护器。

③ 室外的交流供电线路、信号线路宜采用有金属屏蔽层并能穿钢管理地敷设，钢管两端应接地。

3.6.8　系统安全性、可靠性、电磁兼容性、环境适应性

（1）系统安全性设计除应符合 GB 50348—2018《安全防范工程技术规范》现行国家标准的有关规定外，还应符合下列规定：

① 系统的任何部分、任何动作以及对系统的任何操作，不应对出入目标及现场管理、操作人员的安全造成伤害。

② 系统必须满足紧急逃生时人员疏散的相关要求。当通向疏散通道方向为防护面时，系统必须与火灾报警系统及其他紧急疏散系统联动，当发生火警或需紧急疏散时，人员不使用钥匙应能迅速安全通过。

（2）系统可靠性设计应符合 GB 50348—2018《安全防范工程技术规范》现行国家标准的有关规定。

（3）系统电磁兼容性设计应符合 GB 50348—2018《安全防范工程技术规范》现行国家标准的有关规定，并符合现场电磁环境的要求。

（4）系统环境适应性应符合 GB 50348—2018《安全防范工程技术规范》现行国家标准的相关规定，并符合现场地域环境的要求。

3.7　GB/T 37078—2018《出入口控制系统技术要求》简介

3.7.1　标准适用范围

本标准规定了出入口控制系统的相关技术要求，可作为设计、检测和验收出入口控制系统的基本依据。标准适用于以安全防范为目的，对指定目标进行授权、识别和控制的，单独的出入口控制系统，也适用于其他电子系统中所包含的出入口控制系统。

3.7.2　安全等级

1．一般要求

（1）出入口控制系统（简称 ACS）按照保护对象面临的风险程度和对防护能力差异化的需求，通过对系统中各出入口的识别功能、出入口控制点执行功能、出入口控制点监测、胁迫信号和系统自我保护等功能的配置，构建对应出入口控制点系统功能的安全等级。

（2）ACS 按其安全性分为四个安全等级，安全等级 1 为最低等级，安全等级 4 为最高等级。安全等级应限定到每个独立的出入口控制点。

（3）单个出入口控制点的安全等级取决于与之相关的设备、凭证及传输部件中最低的安全等级。

2．安全等级的划分

1）等级 1：低安全等级

防范的对手基本不具备 ACS 的知识，且仅使用常见、有限的工具，当对手在面对最低程度

的阻力时，很可能放弃攻击的念头。该等级通常可用于风险低、资产价值有限的防护对象，防护的主要目的是阻止和拖延对手行动。

2）等级2：中低安全等级

防范的对手仅具备少量ACS知识，懂得使用常规工具和便携式工具，当对手意识到可能已被探测之后，很可能放弃继续攻击的念头。该等级通常可用于风险较高、资产价值较高的防护对象，防护的主要目的是阻止、拖延和探测对手的行动。

3）等级3：中高安全等级

防范的对手熟悉ACS，可以使用复杂工具和便携式电子设备，当对手意识到可能会被认出及抓获，有可能放弃继续攻击的念头。该等级通常可用于风险高、资产价值高的防护对象，防护的主要目的是阻止、拖延和探测对手的行动，同时可以提供方法，帮助认出对手。

4）等级4：高安全等级

防范的对手具备攻击系统的详细计划和所需的能力和资源，具有所有可获得的设备，且懂得替换出入口控制系统部件的方法，当对手意识到可能会被认出及抓获，有可能放弃继续攻击的念头。该等级通常可用于风险很高、资产价值很高的防护对象，防护的主要目的是阻止、拖延和探测对手的行动，同时可以提供方法，帮助认出对手。

3.7.3 功能及性能要求

1. 控制要求

出入口控制系统的控制要求可包括释放时间、出入口控制、出入口状态监测、输入信号等，根据不同的安全等级对应有不同的要求，如对系统监测出入口启/闭状态的功能要求，等级1的要求为可选项，等级2、3、4的要求为强制项。

2. 指示通告要求

出入口控制系统的指示通告要求，可包括识读现场指示和监控台指示，根据不同的安全等级对应有不同的要求，在监控台指示的内容应包含事件的类型，发生的位置、日期和时间。

3. 识别要求

出入口控制系统的识别要求可包括时钟要求、出入授权及识别的设备和方法等，应对比每个凭证来接受或拒绝用户的出入请求。根据不同的安全等级对应有不同的要求，如可配置用户访问级别的最少数量中，等级1为1，等级2为8，等级3为16，等级4为64。

4. 胁迫功能要求

当出入口控制系统配置有胁迫功能时，监控台的胁迫警示应区别于其他警示，监控台接收的胁迫信号应包含位置、日期、时间和目标信息。

5. 优先控制功能要求

出入口控制系统允许暂时旁路预设规则，通过发出手动命令等实现出入口开放/封锁的优先控制功能，并应记录所有被执行的优先控制功能的类型、操作者ID、日期和时间。

6. 通信要求

等级2、3、4设备应确保有关出入口授权的数据信息，在所有组件之间的通信完整性，在通信失败运行模式下，应能执行那些除了受通信失败影响以外的所有功能。系统应有防止信息在传输过程中，未经授权的阅读和修改的信息安全措施。

7. 系统自我保护要求

出入口控制系统应具备自我保护功能，如断电后各组件的记忆功能、系统自检功能、防篡改/防撬/防拆功能等。

8. 电源要求

出入口控制系统各部件可集中或独立供电，供电装置应安置在一个或多个设备中或使用独立的外壳。主电源断电或恢复都不应影响系统的正常运行，在额定电压的85%～110%范围内变化时，应正常工作。备用电源的充电电池应能在24 h内充电到80%的额定容量，72 h内达到100%的额定容量。

9. 防雷接地要求

出入口控制系统应有雷电防护措施，应设置电源浪涌保护器，宜设置信号浪涌保护器；应等电位接地，单独接地电阻不大于4 Ω，接地导线截面应大于25 mm^2。

3.7.4 其他要求

1. 安全性要求

出入口控制系统的安全性，应满足GB 50348—2018《安全防范工程技术规范》现行国家标准的有关规定。任何部分的机械结构应有足够的强度，能满足使用环境的要求，并能防止由于机械不稳定、移动、突出物和锐边造成对人员的伤害。

2. 电磁兼容性要求

出入口控制系统的所有设备，都应适用于相应环境和应用条件的电磁兼容性要求，并满足GB 50348—2018《安全防范工程技术规范》现行国家标准的有关规定。

3. 可靠性要求

（1）操作可靠性。应提供出入口控制系统的正确操作方法，以免操作人员的误操作；各功能操作部件的标记应明确、清晰无误，以减少误操作。不同权限类别的用户应具有不同的操作功能。

（2）功能可靠性。出入口控制系统的设计和配置应确保其功能满足相关要求。

（3）系统可靠性。出入口控制系统所使用的设备，在正常条件下其平均无故障间隔时间不应小于10 000 h，验收后的首次故障时间应大于3个月。

4. 环境适应性要求

出入口控制系统的所有部件，都应适用于相应的环境和应用条件。

5. 标志

应在出入口控制系统设备上清晰而耐久地标出相关信息，包括制作商、类型、生产日期或批次号、供电额定值、安全等级、环境类别、安装类别等。端子和引线应加以编号、加上颜色或者用别的办法来识别。

3.8　GA/T 74—2017《安全防范系统通用图形符号》简介

本标准规定了安全防范系统技术文件中使用的图形符号，适用于安全防范工程设计、施工文件中的图形符号的绘制和标注。本节将主要选取介绍有关出入口控制系统的相关图形符号，如表3-6所示。

表3-6　停车场系统相关图形符号

序	名　称	英　文	图形符号
1	防护周界	protective perimeter	
2	监控区边界	monitored zone	
3	防护区边界	protective zone	
4	禁区边界	forbidden zone	
5	读卡器	card reader	
6	键盘读卡器	card reader with keypad	
7	指纹识别器	finger print identifier	
8	指静脉识别器	finger vein identifier	
9	掌纹识别器	palm print identifier	
10	掌形识别器	hand identifier	
11	人脸识别器	face identifier	
12	虹膜识别器	iris identifier	
13	声纹识别器	voice print identifier	
14	电控锁	electronic control lock	
15	卡控旋转栅门	turnstile	

序	名　称	英　文	图形符号
16	卡控旋转门	revolving door	
17	卡控叉形转栏	rotary gatet	
18	电控通道闸	turnstile gate	
19	开门按钮	open button	E
20	应急开启装置	emergency open device	Y
21	出入口控制器	access control unit	ACU (n)
22	双电源切换电器	automatic transfer switching equipment	TSE
23	交流不间断电源	uninterrupted power supply	UPS
24	交换机	switchboard	SW
25	路由器	router	Router

典型案例5　第二代公民身份证出入口控制系统

　　第二代公民身份证出入口控制系统，是基于二代身份证作为出入凭证而建立起来的出入口控制系统。在该系统中，人员使用身份证进行登记，利用身份证验证设备进行身份证信息的自动提取和合法性验证，结合门禁控制器和闸机等设备进行人员出入控制。身份证代表着个人凭证，且具有可存储、数据加密等特点，所以它作为门禁系统的出入凭证具有独特的优势和广泛的应用前景。

　　身份证出入口控制系统主要有两种工作模式。

1. 模式一：以身份证序列号作为出入凭证

1) 系统概述

这种模式是形式上的身份证门禁，此时身份证本质上等价于传统的IC卡。它的工作原理是将身份证IC芯片的序列号写入系统，通过软件系统进行发卡授权后，人员即可持身份证刷卡出入。这种系统模式简单方便，基本功能与传统IC门禁系统相同，也存在被复制序列号的可能性，因此这种模式适用于对安全性和保密性要求不高的场合，如小区、建筑工地等。

2) 系统结构

这种模式的系统一般包括控制主机、门禁控制器、身份证发卡器、身份证读头等设备，同时配套有相应软件，实现对出入人员的管理，系统结构如图3-14所示。

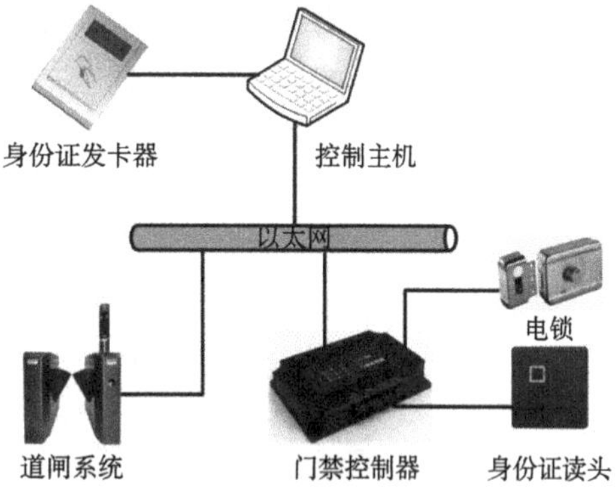

（1）控制主机。控制主机是身份证门禁系统的核心管理设备，配套有相应的管理软件，一般安装在管理中心或值班室内，实现对整个系统出入人员的控制与管理。

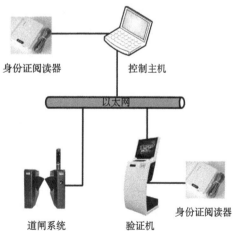

（2）门禁控制器。门禁控制器是门禁系统的核心设备，可直接安装在门口或通道处，也可与道闸系统集成，控制道闸的开启和关闭。

图3-14　以身份证序列号为凭证的系统结构

（3）身份证发卡器。身份证发卡器是一种兼容身份证的IC卡发卡器，与控制主机连接，能够实现身份证芯片（即身份证内部IC卡）序列号的读取，可以将身份证作为普通IC卡来使用。

（4）身份证读头。身份证读头安装在门禁控制器上，可读取身份证芯片（即身份证内部IC卡）序列号，将数据发送给门禁控制器，并进一步传送到控制主机，经验证卡号合法后，控制主机发送开门指令，门禁控制器接收指令并执行。

2. 模式二：以身份证内部信息作为出入凭证

1) 系统概述

这种模式是真正的身份证门禁，此时身份证内的个人信息可被系统阅读和核验。它的工作原理是系统通过身份证号码直接授权，或者通过身份证读卡器读取出身份证号码、姓名、民族、地址等个人信息进行授权，并将信息保存在系统中，人员可刷身份证凭借个人信息出入系统。

这种模式的优点是无重复且安全性高，具有证件信息自动采集功能，可实现提前预约授权、免授权刷身份证即放行（同时采集证件信息）等特殊功能；缺点是这种系统模式必须使用公安部授权生产的二代身份证验证设备，系统成本相对较高，因此这种模式适用于对安全性和保密性要求较高的场合，如车站、监狱、政府部门等场合。

2) 系统结构

这种模式的系统一般包括控制主机、验证机、身份证阅读器等设备，同时配套有相应软件，实现对出入人员的管理，系统结构如图3-15所示。

图3-15　以身份证内部信息为凭证的系统结构

（1）控制主机。除了控制主机的基本功能外，此模式的控制主机具有存储、记录、处理身份证内部信息的功能，提高了系统的安全性和保密性。

（2）验证机。验证机也称为访客机，是系统的出入验证设备，一般安装在通道或门口处。该设备通过读取出入人员的身份证信息，与数据库中的信息进行对比，从而判断当前人员是否具有出入权限，并通过信息、颜色、声音等多种方式提醒人员。它可以与门禁控制器或道闸系统集成，实现对合法用户的自动放行；也可以由特定工作人员职守，要求所有出入人员进行合法性验证，并对不合法的用户采取适当措施，通常应用于车站、政府单位、看守所等场合，如图3-16所示。

车站核验身份证进站　　　　　　　　　法院访客登记

图 3-16　身份证验证

（3）身份证阅读器。身份证阅读器又称身份证读卡器，是身份证阅读和核验的专用设备，采用国际上先进的非接触式IC卡阅读技术，配以公安部授权的专用身份证安全控制模块，能够快速地识别身份证的真伪，读取身份证芯片内所存储信息，包括姓名、地址、照片等。

在身份证门禁系统中，可根据实际需求灵活配置身份证阅读器。

①与控制主机连接：实现身份证信息（如姓名、民族、身份证号码等）的快速读取，能够验证二代身份证真假，且避免了因手工输入出现错误等情况，如图3-17所示。

②与验证机连接：二者通常集成为访客管理一体机，如图3-18所示。通过读取身份证信息并在系统中验证，判断卡片是否合法，并向门禁控制器发送开门指令；也可以允许所有人刷身份证后直接开门，同时记录身份证个人信息、开门时间等信息，这种情况下不需要进行发卡或者登记可以直接开门，便于一些公共场所使用。

图 3-17　身份证阅读器与控制主机连接　　　图 3-18　身份证访客管理一体机

随着物联网、身份识别等高新技术的不断发展和广泛应用，智能化社会的建设加快了步伐，出入口控制系统是其中一个典型代表，已经在诸多领域得到了应用，是安防领域未来的发展趋势。以身份证为凭证的出入口控制系统在小区、监狱、政府部门、车站无纸化票务系统等领域的应用会越来越普遍，将朝着智能化、集成化、互连互通化等方向快速发展。

习　题

1. 填空题（10题，每题2分，合计20分）

（1）"_____是工程师的语言，_____是工程图样的语法"，离开标准无法设计和施工。（参考3.1.1知识点）

（2）安全技术防范系统中宜包括安全防范综合管理平台和_____、视频安防监控、入侵报警、访客对讲、停车场安全管理等系统。（参考3.2.2知识点）

（3）出入口控制系统的设备应有强制性产品认证证书和_____，或进网许可证、_____、检测报告等文件资料。（参考3.3.2知识点）

（4）红外光电装置应安装牢固，收、发装置应相互_____，并应避免_____直射。（参考3.3.2知识点）

（5）出入口控制系统的功能检测应包括_____功能、信息处理/控制设备功能、执行机构功能、报警功能等。（参考3.4.2知识点）

（6）出入口的防护应对保护对象从单位、部位和（或）区域、_____三个层面进行防护。（参考3.5.2知识点）

（7）出入口控制系统的设置必须满足消防规定的紧急逃生时_____的相关要求。（参考3.6.3知识点）

（8）系统报警功能分为_____、向操作员报警、异地传输报警等，报警信号应为_____。（参考3.6.4知识点）

（9）ACS按其安全性分为四个安全等级，安全等级_____为最低等级，安全等级_____为最高等级。（参考3.7.2知识点）

（10）出入口控制系统应有雷电防护措施，应设置_____，宜设置_____。（参考3.7.3知识点）

2. 选择题（10题，每题3分，合计30分）

（1）《出入口控制系统工程设计规范》的标准号为（　　　）。（参考3.1.3知识点）

A. GB 50394　　　　　　　　　　B. GB 50396

C. GB 50339　　　　　　　　　　D. GB 50314

（2）GB 50348是（　　　）标准的标准号。（参考3.1.3知识点）

A.《智能建筑设计标准》　　　　　B.《安全防范工程技术规范》

C.《出入口控制系统技术要求》　　D.《出入口控制系统工程设计规范》

（3）控制器与读卡机间的距离不宜大于（　　　），警报灯与检测器的距离不应大于（　　　）。（参考3.3.2知识点）

A. 10 m　　　　B. 15 m　　　　C. 25 m　　　　D. 50 m

（4）出入口系统各组成部分相关设备抽检的数量不应低于（　　　），且不应少于（　　　）台。（参考3.4.2知识点）

A. 20%　　　　B. 30%　　　　C. 2　　　　D. 3

（5）出入口控制系统的设计内容应包括（　　　　）等。（参考3.5.2知识点）

A. 安全等级　　　　　　　　　　　B. 目标的识别方式

C. 出入控制方式　　　　　　　　　D. 人员应急疏散

（6）管理控制部分的事件记录应包括（　　　）。（参考3.6.4知识点）

A. 时间　　　　　B. 目标　　　　　C. 位置　　　　　D. 行为

（7）控制器与执行设备之间的绝缘导线，线芯最小截面积不宜小于（　　　）mm²。（参考3.6.4知识点）

A. 0.3　　　　　B. 0.5　　　　　C. 0.75　　　　　D. 1.0

（8）安全等级2的出入口控制系统可配置用户访问级别的最少数量为（　　　）。（参考3.7.3知识点）

A. 1　　　　　B. 8　　　　　C. 16　　　　　D. 64

（9）出入口控制系统设备应有清晰而耐久的标志，标志应包括（　　　）等。（参考3.7.4知识点）

A. 制作商　　　　B. 安全等级　　　　C. 类型　　　　D. 生产日期

（10）请填写下列图形符号的对应名称。（参考3.8知识点）

（　　　）　　　　（　　　）　　　　（　　　）　　　　（　　　）

A. 指纹识别器　　　B. 人脸识别器　　　C. 读卡器　　　　D. 电控通道闸

3. 简答题（5题，每题10分，合计50分）

（1）概述标准对要求严格程度不同的用词说明。（参考3.1.2知识点）

（2）GB 50606—2010《智能建筑工程施工规范》中，"安全防范系统"中对出入口控制系统的施工要求主要包括哪几方面？（参考3.3.2知识点）

（3）出入口控制系统的设备选型应符合哪些要求？（参考3.6.5知识点）

（4）出入口控制系统功能及性能要求主要包括哪些方面？（参考3.7.3知识点）

（5）请写出出入口控制系统工程常用的主要标准，按照标准编号–年号、标准全名顺序填写，至少写5个，每个2分。（参考3.1.3知识点）

实训项目 7　网络双绞线电缆链路端接实训

1. 实训目的

（1）掌握网络跳线的制作方法。

（2）掌握网络模块的端接方法。

（3）掌握常用工具的使用方法和操作技巧。

2. 实训要求

传输线缆在出入口控制系统中充当着重要的角色，线缆的不规范或者不合格，将直接导致系统信号不能传输或者传输质量较低，同时给日后的系统维护与检查带来很多麻烦。因此，在实训过程中，须达到以下几点要求：

（1）双绞线两端必须线序相同。

（2）利用剥线钳剥线时，注意选择合理的剥线豁口，不要损伤线芯。

（3）确定线缆与接头可靠连接。

3．实训设备和操作要点

1）实训设备、工具和材料

（1）西元智能化系统工具箱，型号KYGJX-16，本实训用到的工具有旋转剥线器、斜口钳、网络压线钳等，如图3-19所示。

（2）西元XY786材料盒。包括RJ-45水晶头8个，RJ-45模块6个，长度320 mm网线7根，说明书1页，如图3-20所示。

图3-19　实训工具

图3-20　西元XY786材料盒

2）操作要点

（1）按正确步骤逐步操作。

（2）工具的正确使用和规范操作。

4．实训内容及步骤

1）实训内容

每人做7根跳线，每根跳线长度300 mm，其中两端为RJ-45水晶头跳线4根，两端为RJ-45模块跳线3根，共计端接14次，112芯，如图3-21所示。

图3-21　实训内容示意图

开始实训前教师讲解实训内容和操作方法，并且播放下列实训操作指导视频，熟悉相关技术及操作内容。

（1）A111-西元铜缆速度竞赛（1分42秒）。

（2）A112-西元铜缆速度竞赛（1分41秒）。

（3）A117-西元铜缆跳线制作（16分55秒）。

（4）A118-西元网络模块端接方法（10分12秒）。

（5）A125-电缆链路端接训练（XY786）（12分23秒）。

2）实训步骤

（1）水晶头端接步骤和方法。

第一步：剥除护套，剪掉撕拉线。用剥线器旋转划开护套的60%～90%，注意不要划透护套，避免损伤双绞线，剥除护套长度宜为20 mm；用剪刀剪掉外露的撕拉线。

第二步：拆开4对双绞线，按T568B扌直。把4对双绞线拆成十字形，绿线对准自己，蓝线朝外，棕线在左，橙线在右，按照蓝、橙、绿、棕逆时针方向顺序排列；将8芯线T568B线序捋直排好，T568B线序为白橙、橙、白绿、蓝、白蓝、绿、白棕、棕。

第三步：剪齐线段，留13 mm。用剪刀剪齐线端，保留长度13 mm，注意至少10 mm导线之间不应有交叉。

第四步：将刀口向上，网线插到底。RJ-45水晶头刀口向上，将网线端插入水晶头，仔细检查线序，保证线序正常，注意一定要插到底理线。

第五步：放入压线钳，用力压紧。将网线和水晶头放入压线钳，一次用力压紧。

第六步：保证线序正确，检查压住护套。再次检查确认线序正确，注意水晶头的三角压块翻转后必须压紧护套。

如图3-22所示为水晶头端接步骤和方法示意图。

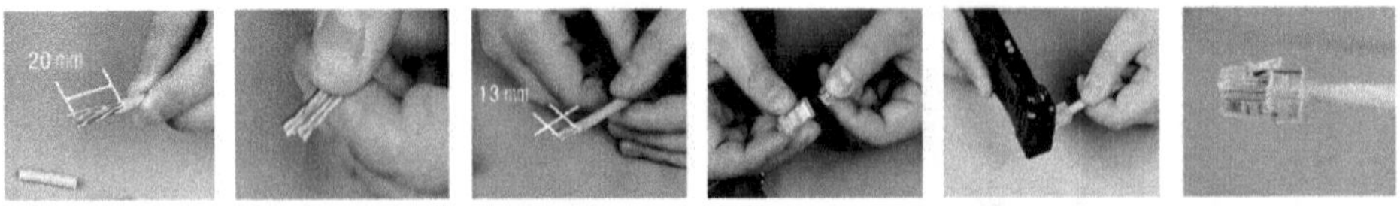

①剥除外护套，　②拆开4个线对，　③剪齐线端，留　④将刀口向上，　⑤放入压线钳，　⑥保证线序正确，
剪掉撕拉线　　按T568B捋直　　13 mm　　　　　网线插到底　　用力压紧　　　检查压住护套

图3-22　水晶头端接步骤和方法示意图

（2）网络模块端接步骤和方法。

第一步：剥除护套，剪掉撕拉线。用剥线器旋转划开护套的60%～90%，注意不要划透护套，避免损伤双绞线，剥除护套长度宜为30 mm；用剪刀剪掉外露的撕拉线。

第二步：按T568B位置排列线对。根据网络模块上面的T568B线对色谱位置，将4对双绞线排列在对应位置。

第三步：将线对按色谱标记压入刀口。将4对双绞线依次分开，按网络模块上的色谱位置依次压入对应的刀口。

第四步：将压盖对准，用力压到底。将网络模块的压盖对准压槽，用力压接到底，确保刀口划破每根线缆护套，与线芯可靠基础。

第五步：用斜口钳剪掉线端，小于1 mm。用斜口钳依次剪掉多余的线端，使每个线端的外露长度小于1 mm。

第六步：线序正确，压盖牢固。保证线序正确，检查压盖牢固压紧。

如图3-23所示为网络模块端接步骤和方法示意图。

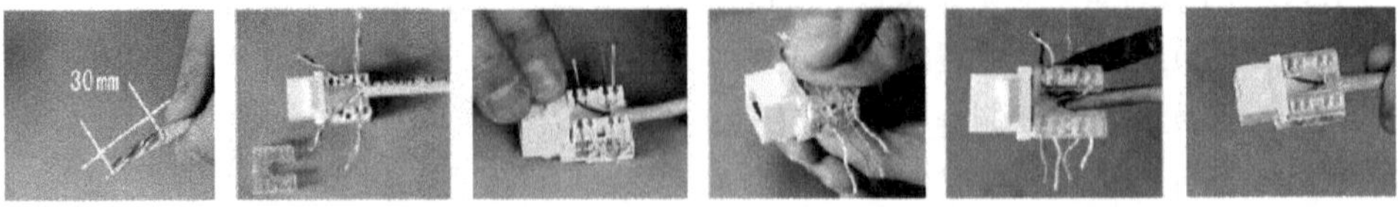

①剥除外护套，　②按T568B位置　③将线对按色谱　④将压盖对准，　⑤用斜口钳剪掉线　⑥线序正确，压
剪掉撕拉线　　排列线对　　　标记压入刀口　　用力压到底　　端，小于1 mm　　盖牢固

图3-23　网络模块端接步骤和方法示意图

5．评判标准和评分表

（1）每根跳线100分，7根跳线700分。测试不合格，直接给0分，操作工艺不再评价。

（2）操作工艺评价详如表3-7所示。

表3-7　XY786速度竞赛评分表

评判项目　姓名/链路编号	链路测试合格100分不合格0分	操作工艺评价（每处扣5分）						评判结果	排名
		未剪掉撕拉线	剥线太长	压接偏心	压接不到位	拆开双绞对过长	链路长度不正确		

6. 实训报告

（1）实训项目名称。

（2）实训目的。

（3）实训要求和完成时间。

（4）实训设备名称、型号，至少应该包括实训设备、实训工具、实训材料的名称和规格型号。

（5）实训操作步骤和具体要点，给出主要操作步骤的技能要点描述和实操照片，包括完成作品的照片，至少有1张本人出镜的照片。

（6）实训收获，必须清楚描述本人已经完成的实训工作量，已经掌握的实践技能和熟练程度。

岗位技能竞赛

为了营造"学技能、练技能、比技能"的良好学习氛围，老师可组织学生进行岗位技能竞赛活动，在学校食堂等公共场所进行技能展示。通过岗位技能竞赛，提高学生学习的积极性和趣味性，更好地掌握该实训技能。

XY786电缆链路速度竞赛

1. 竞赛内容（30 min）

（1）发放西元电缆链路速度竞赛XY786材料包，每个学员1包。

（2）学员检查材料包规格数量合格。

（3）发压线钳，每个学员1把。

（4）每个学员独立完成电缆链路速度竞赛任务，优先保证质量。

（5）每个学员将工具、耗材摆放整齐，开始速度竞赛。

2. 测试和评判（10 min）

（1）学院自备测线器，完成电缆链路速度竞赛任务后，自己进行链路测试。

（2）学员自己测试合格后，由教师或者裁判进行最终测试和成绩评判，并在黑板记录和公布成绩。

（3）建议测试并记录前10名成绩，发放奖品，合影留念。

单元 ④

出入口控制系统工程设计

本单元重点介绍了出入口控制系统工程的设计原则、设计任务、设计内容、设计方法。

学习目标：

● 熟悉出入口控制系统工程的基本设计原则和具体设计任务。

● 掌握出入口控制系统工程的主要设计内容和设计方法。

4.1 出入口控制系统工程设计原则和流程

4.1.1 出入口控制系统工程设计原则

1. 规范性和实用性

系统设计应基于对现场的实际勘察，实际勘察应包括环境条件、出入管理要求、各受控区的安全要求、投资规模、维护保养以及识别方式、控制方式等因素。系统设计应符合有关风险等级和防护级别标准的要求，符合有关设计规范、设计任务书及建设方的管理和使用要求，同时充分考虑实用性。

2. 先进性与互换性

系统的设计在技术上应有适度超前性，可选用的设备应有互换性，为系统的增容或改造留有余地。

3. 准确性与实时性

系统应能准确实时地对出入目标的出入行为实施放行、拒绝、记录和报警等操作。系统的拒认率应控制在可以接受的限度内，采用自定义特征信息的系统不允许有误识，采用模式特征信息的系统误识率，应根据不同的防护级别要求控制在相应的范围内。

4. 功能扩展性

根据管理功能要求，系统的设计可利用目标及其出入事件等数据信息，提供如考勤、巡更、人员管理、物流统计等功能。

5. 联动性与兼容性

出入口控制系统应能与报警系统、视频监控系统等联动，当与其他系统联动设计时，应进行系统集成设计，各系统之间应相互兼容又能独立工作。用于消防通道口的出入口控制系统应与消防报警系统联动。当火灾发生时，应及时开启紧急逃生通道。

4.1.2 出入口控制系统工程设计流程

图4-1所示为出入口控制系统工程的主要设计流程，简单介绍如下：

图4-1 出入口控制系统工程主要设计流程图

（1）编制设计任务书。根据出入口控制系统项目的实际需求和建设规划，编制系统的设计任务书，明确工程建设的目的及内容、功能性能要求等。

（2）现场勘察。设计单位应会同相关单位进行现场勘察，充分了解建设现场情况。

（3）初步设计。设计单位根据设计任务书、设计合同和现场勘查报告对出入口控制系统进行初步设计。

（4）方案论证。初步设计完成，建设方应组织专家对初步方案进行评审论证。

（5）深化设计。在初步设计文件的基础上，采用文字和图纸的方式详细、量化、准确地表达建设项目的设计内容。

4.2 出入口控制系统工程的主要设计任务和要求

下面我们根据国家现行相关标准的规定，结合实际工程设计经验，介绍出入口控制系统工程的主要设计任务和具体要求。

4.2.1 编制设计任务书

设计任务书是确定出入口控制系统建设方案的基本依据，是设计工作的指令性文件。设计任务书可以由建设单位编制，也可以由建设单位委托具备相应能力的设计/咨询单位编制，如出入口控制系统集成商、设计单位等。

设计任务书主要包括以下内容：

1. 任务来源

任务来源包括由建设单位主管部门下达的任务，政府部门要求的任务，建设单位自提的任务，任务类型可分为新建、改建、扩建、升级等。

2. 政府部门的有关规定和管理要求

出入口控制系统的建设必须符合国家有关法律、法规的规定，系统的防护级别应与被防护对象的风险等级相适应。系统的各项功能和性能等应遵循国家和行业的相关现行标准和规定。

3. 建设单位的安全管理现状与要求

根据建设单位的规模布局、功能要求等实际情况确定系统。例如，根据建设单位的规模和投资，选择不同功能类型的出入口控制系统设计方案，也可根据建设区域的物防情况、人防情况和其他技防手段等情况确定合适的设计方案。

4. 工程项目的内容和要求

项目的内容和要求应包括功能需求、性能指标、安全需求、培训和售后服务要求等。例如，对各种可能的人员进出授权要求、授权人员通行要求、通行方式要求、授权凭证的要求等，还可以进行已入/已出、停留人员统计、逃生时的通过要求等。

5. 工程投资控制数额及资金来源

出入口控制系统工程建设费用通常包括设计费用、器材设备费用、安装施工费用、检测验收费用等，建设经费数额要进行控制、核算，建设方要求各相关单位提供计算费用清单和相应说明，同时，建设单位需对资金来源做出必要说明。

4.2.2 现场勘察

在进行出入口控制系统工程设计前，设计单位需要对建设现场与设计有关的情况进行调查和考察。

1. 现场勘察应符合的规定

1）调查建设对象的基本情况

建设对象的风险防范等级与防护等级，人防、物防与技防建设情况，建设对象所涉及的建筑物、构筑物或其群体的基本情况等。如建筑物的建筑平面、功能分配、管道与供配电线路布局、墙体及周边情况等。

2）调查和了解建设对象所在地及周边的环境情况

地理、气候、雷电灾害、电磁等自然环境和人文环境等情况。如建设对象周围的地形、交通情况及房屋状况。工程现场一年中温度、湿度、风雨等的变化情况和持续时间等，特别关注暴雨及附近道路的排水情况，在设计中加强防雨水倒灌措施。

3）调查和了解建设区域内与工程建设相关的情况

与出入口控制系统建设相关的建筑环境情况、防护区域情况、配套设施情况等，如周界的形状、长度及已有的物防设施情况，防护区域内所有出入口位置、通道长度、门洞尺寸，防护区域内各种管道、强弱电竖井分布及供电实施情况等。

4）调查和了解建设对象的开放区域的情况

人员密集场所的位置、面积、周边环境、应急措施；开放区域内人员的承载能力及活动路线；开放区域出入口位置、数量、形态等。

5）调查和了解重点部位和重点目标的情况

枪支等武器、弹药、危险化学品、民用爆炸物品等物质所在的场所及其周边情况；电信、广播电视、供水、排水、供电、供气、供热等公共设施所在场所及其周边情况等。

2. 编制现场勘察报告

现场勘察结束后应编制现场勘察报告，现场勘察报告的内容应包括项目名称、勘察时间、参加单位及人员、项目概况、勘察内容、勘察记录等。

4.2.3 初步设计

1. 初步设计的依据

（1）设计任务书或工程合同书。

（2）现场勘察报告。

（3）现行国家标准与规范。

（4）国家和地方政府相关法律法规规定。

2. 初步设计文件

（1）初步设计说明。

（2）初步设计图纸。

（3）主要设备和材料清单。

（4）工程概算书等。

3. 初步设计说明主要内容

（1）系统总体设计。根据建设单位的项目概况进行需求分析、风险评估，协商确定工程设计的总体设计构思，如出入口控制系统体系的构架、主要配置等。

（2）功能设计。需要确认各部分设备功能、设备选型、设计设备安装位置，并且进行较为详细的说明，例如出入凭证识别技术的确定、设备的型号及数量、出入口人行道闸的安装位置等。

（3）信息传输设计。需要确认出入口控制系统信号的传输方式、路由及管线敷设方式等，例如选择和设计传输线缆，满足设备连接需要，包括网络双绞线、多芯线电缆等，并且说明线缆敷设注意事项和方法等。

（4）供电设计。根据出入口控制系统各部分设备的安装位置和供电需求，确认系统的供电方式、供电路由、供电设备等。

（5）系统性能设计。确认系统安全性、可靠性、电磁兼容性和环境适应性要求，例如各部分设备安装应满足安全性要求，安装应牢固可靠等；设备安装在室外时，应满足环境适应性要求，应具有防风防雨等特点或措施。

（6）管理中心设计。管理中心的位置和空间布局、管线敷设和设备布局、自身防护措施等，如面积需求、设备的安装位置、应设置视频监控和出入口控制装置等。

4. 初步设计图纸

初步设计图纸包括总平面图、系统图、设备器材平面布置图、系统干线路由平面图、管理中心/设备布局图等。

设计图纸应符合下列规定：

（1）图纸应符合GB/T 50104《建筑制图标准》等国家制图相关标准的规定，标题栏应完整，文字应准确、规范，应有相关人员签字，设计单位盖章。

（2）图例应符合GA/T 74《安全防范系统通用图形符号》等国家现行标准的规定。

（3）系统图应包括以下内容：

① 主要设备类型及配置数量。

② 系统信号传输方式、设备连接关系、线缆规格。

③ 供电方式。

④ 接口方式，也包括与其他系统的接口关系。

⑤ 必要的说明，帮助安装和运维人员快速理解系统架构。

（4）平面图应包括以下内容：

① 设备安装位置，同时应标明设备的具体布设位置、设备类型和数量等。

② 系统连接缆线路由和具体走向等，线缆走向设计必须与主干缆线的路由相适应，并且进行详细的标注和说明，帮助安装和运维人员快速理解，正确安装和运维。

③ 必要的说明，包括具体安装位置、固定方式等。

5. 主要设备和材料清单

主要设备和材料清单包括系统拟采用的主要设备材料名称、规格、主要技术参数、数量等，主要设备和材料清单一般为表格。

6. 工程概算书

按照工程内容，根据GA/T 70《安全防范工程建设与维护保养费用预算编制办法》或最新工程概算编制办法等现行相关标准的规定，编制工程概算书。

4.2.4 方案论证

方案论证一般由一定数量的专家组成评审专家组，专家应具有出入口控制系统技术、经济、安防等方面的专业知识和经验，对初步设计方案进行评审，并出具评审意见，它是保证工程设计质量的一项重要措施。方案论证的评价意见是工程项目进行施工图设计的重要依据之一。

1. 方案论证应提交的资料

（1）设计任务书。

（2）现场勘察报告。

（3）初步设计文件。

（4）主要设备材料的型号、品牌、检验报告或认证证书。

2. 方案论证应包括的内容

（1）系统设计内容是否符合设计任务书和合同等要求。

（2）系统现状和需求是否符合实际情况。

（3）系统总体设计、结构设计是否合理准确。例如，出入口控制系统的人行通道数量、位置是否合理等。

（4）系统功能、性能设计是否满足需求。例如，系统设备选型、设备功能、安装位置是否满足需求，系统信号的传输方式、路由及缆线敷设方案是否合理等。

（5）系统设计内容是否符合相关的法律法规、标准等的要求。

（6）实施计划与工程现场的实际情况是否合理。例如，建设工期是否符合工程现场的实际情况和满足建设单位的要求，提供施工进度表。

（7）工程概算是否合理。

方案论证应对论证的内容做出评价，以通过、基本通过、不通过意见给出明确结论，并且提出整改意见，并经建设单位确认。

4.2.5 深化设计

深化设计是设计方或承建方依据方案论证的评价结论和整改意见，对初步文件进行完善的一种设计活动。

1. 深化设计的依据

（1）初步设计文件。

（2）方案论证中提出的整改意见和建设单位确认的整改措施。

2. 深化设计的目的

（1）针对整改要求和更详细、准确的现场环境信息，修改、补充、细化初步设计文件的相关内容，满足设备材料采购、非标准设备制作和施工的需求。

（2）结合系统构成和选用设备的特点，进行全面的图纸修改、补充、细化设计，确保系统的互连互通，着重体现系统配置的可实施性。

3. 深化设计的内容

深化设计在原有初步设计文件的基础上，再次完善如下内容：

（1）对系统设计进行充实和完善，包括系统的用途、结构、功能、性能、设计原则、系统点数表、系统及主要设备的性能指标等。例如，设备接口必须对应统一，传输协议一致，功能满足要求等。

（2）对系统的实施进行细化完善，包括系统的施工要求和注意事项，如布线、设备安装等。

（3）对初步设计系统图进行充实和完善，详细说明系统配置，标注设备数量，补充设备接线图，完善系统内的供电设计等。

（4）平面图应正确标明设备安装位置、安装方式和设备编号等，必要时可提供设备安装大样图、设备连接关系图等。

（5）将管线敷设图分解为管路敷设图和缆线敷设图，方便按照阶段组织施工。

（6）完善设备材料清单，包括设备材料的名称、规格、型号、数量、产地等。

（7）人防物防要求。规划和设计系统对建筑物和周边的人防、物防、其他技防的要求和建议，如值班人员配置、操作室面积、入侵报警系统、视频监控系统等。

4.3　出入口控制系统主要设计内容

4.3.1　系统建设需求分析

为了简单清楚地介绍设计内容，我们选择了一个典型的小区出入口控制系统，为便于介绍，我们就命名为"西元小区"。下面我们介绍"西元小区"出入口控制系统典型案例主要设计内容。

西元小区主要有3个人行通道出入口，分别在东门、西门和南门。根据客户的要求，东门为人车并行通道，西门为人行及消防通道，南门为人员和非机动车出入口，小区需建设一套智能出入口控制系统，采用智能通道闸结合RFID射频识别技术和人脸识别技术，实现人员进出通行管理。

1. 编制项目概况表

根据西元小区项目建筑规划，经过与建设方协商和讨论，编制表4-1所示的西元小区出入口控制系统项目概况表。

表4-1　西元小区出入口控制系统项目概况表

项目	详情
项目名称	西元小区出入口控制系统项目
项目具体位置	西安市秦岭四路西1号
客户类别	■ 小区　□ 商业大厦　□ 公共场所　□ 其他
出入口类别	■ 人行　■ 人行+非机动　□ 车行
出入口性质	■ 内部专用　□ 公共收费　□ 其他
计划投资总额	
出入口数量	3个
出入口位置	东门、西门和南门
岗亭	■ 需要　□ 不需要
岗亭位置	各出入口区域

项目	详情
居住户数	1 980 户
计划管理人数	6 人
目标识别方式	■ 射频卡识别　■ 人脸识别　□ 指纹识别　■ 人工登记
是否纳入公共信息系统	□ 是　■ 否
道闸防夹功能	■ 需要　□ 不需要
通道计数功能	■ 需要　□ 不需要
人员通行要求	一次通行一人
其他要求:	

2. 需求分析措施表

根据表4-1和建设方提出的需求与功能，编制表4-2所示的需求分析及措施表。

表4-2　西元小区出入口控制系统项目需求分析及措施表

序	角度	基本问题或需求	解决方法	对应设备或措施
1	业主	安全问题	采用RFID射频识别技术和动态人脸识别技术，业主可直接刷卡或刷脸进出，访客需实名登记方可放行，有效拒绝非法人员	RFID射频识别控制器 动态人脸识别机 出入口管理软件
2		效率问题	每次进出刷卡或刷脸只需数秒道闸即可打开，每个通道每分钟人流量可达25人，满足实际人行进出流量	RFID射频识别控制器 动态人脸识别机 智能通道闸
3		出入人性化管理	有语音提示"欢迎光临""欢迎再次光临"并显示相关提示	动态人脸识别机 智能通道闸
4		闸机会不会夹人	检测到有人在通道内时，闸机保持开启状态，如遇到误动作，碰到小小的阻力即自动返回	红外对射探测器 智能通道闸
5	管理人员	操作要简单	操作系统采用集成式软件，只需会简单操作即可	出入口管理软件
6		独立人行出入口管理	选用翼闸设备，实现一次1人通行模式，方便管理	智能通道闸（翼闸）
7		人行＋非机动出入口管理	人行选用翼闸设备，满足通行需求；非机动选用摆闸设备，其宽通道的特点满足非机动车辆的出入，方便管理	智能通道闸（摆闸）
8		通道闸故障时如何处理	发生故障时，可手动操作通道闸动作	智能通道闸
9		可否查询小区内人员出入情况	可在计算机上随时查看人员出入情况，出入记录及相关消息	出入口管理软件
10		管理人员数量	每个出入口岗亭需配置1~2个管理员	
11		一次通行一人	配套检测人数设备，确保一次通行一人	计数器 红外对射探测器
12		出入情况分析	根据设置，可自动生成相关出入统计表	出入口管理软件
13		外来访客问题	采用实名登记方式，管理人员可确认其身份后放行	
14		业主信息管理	系统以卡识别或人脸识别为基础，同时可录入业主相关信息，实时查询和操作设置	出入口管理软件

序	角度	基本问题或需求	解决方法	对应设备或措施
15	系统维护	检修问题	系统模块化，布线量少，布线标准方便，配置标准接线图，方便检修	人员经培训学习后，即可完成简单维修工作
16		安装问题	模块化设计，拆装方便	
17		改造升级问题	模块化设计，易替换改造	
18		主板故障率	采用工业级电子元器件，不易损坏，主控板电源及通信部分具有防雷击功能	
19		室外设备适应性问题	通道闸、动态人脸识别机等设备均有防水、防撞等措施	

3. 确认基本设计思路

根据该项目的现场情况及应用需求，结合项目概况表和需求分析措施表，确认小区人行出入口控制系统基本设计思路。

1）确定基本设备类型

由于小区东门和西门要求均为人行出入口，只用于目标人员的出入口管理，因此选用具有外形美观、通行速度快、自动开闸等特点的翼闸智能通道闸，配合RFID射频识别控制器和动态人脸识别机，实现人员进出刷脸验证身份的智能化管理。而小区南门要求为人员和非机动车出入口，用于目标人员及自行车、轮椅、电动车等非机动车辆的通行管理，故可选用具有通行通道宽特点的摆闸智能通道闸，配合RFID射频识别控制器和动态人脸识别机，实现人员及其非机动车辆的智能化出入管理。

2）确定基本通道及设备数量

现考虑到小区共有1 980户业主，每户以3.5人计算，则该小区大概共有6 930人，高峰期出行系数一般为0.3，则高峰期出行人员为2 079人。高峰期按人员从1个出入口通行，按20 min人员全部通过计算，每分钟需通过104人，通道闸每个通道每分钟人流量一般为25人，则该出入口需要4个人行通道。每户以拥有1辆非机动车、非机动车通道闸每个通道每分钟流量为15辆计算，根据上述方式计算，则非机动车出入口需要2个非机动车通道。综合小区实际情况，尽可能满足业主快速通行需求，东门配置4个人行通道，西门配置2个人行通道，南门配置2个人行通道和2个非机动车通道。

3）确定通道闸基本通行流程

（1）正常工作情况下通道闸为常闭状态，人员行至通道前，在闸机识读区域读取人脸或射频卡，识读设备采集凭证信息。

（2）系统控制器接收采集的凭证数据，判断其合法性。

（3）在常闭模式下，合法用户识读后，闸机控制系统驱动电机转动打开闸门，允许通行；同时闸机通过语音设备、通行状态指示屏提示行人通行。

（4）行人根据通行提示经过通道时，红外对射探测器实时感应行人经过通道的全过程。

（5）行人完全通过通道后，系统根据红外对射探测器反馈的信号，控制电机转动关上闸门，完成此次通行，通行状态屏指示恢复默认，计数器加一位。

（6）若行人不读取凭证或凭证无效进入通道时，闸门不动作禁止通行，同时红外对射探测器感应到有人非法进入通道，闸机发出语音告警提示，直至行人退出通道后解除。

（7）一次只能通行一个人，通道内红外对射探测器结合计数器可检测通道内人数，如果有多人同时通行，闸机发出语音告警并关闭闸门。

（8）对于管理人员通过按钮开启通道闸，同样一次按钮开闸后只能通行一人。

（9）发生紧急疏散情况时，管理人员可通过紧急按钮开关使通道闸一直保持开启状态。

如图4-2所示为西元小区出入口控制系统基本通行流程图。

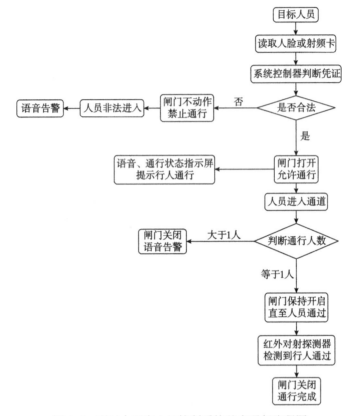

图4-2　西元小区出入口控制系统基本通行流程图

4.3.2　编制系统点数表

系统点数表在工程实践中是常用的统计和分析方法，适合于综合布线系统、智能楼宇系统等各种工程应用。为了正确和清楚确定设备的安装点位，以及各设备的安装数量，方便安装施工中的领料和进度管理以及设备编号，需要编制系统点数表。编制点数表的要点如下：

（1）表格设计合理。要求表格打印成文本后，表格的宽度和文字大小合理，特别是文字不能太大或者太小，一般为小四号或者五号。

（2）位置正确。建筑物需要安装设备的位置都要逐一罗列出来，没有漏点或多点，位置正确和清楚，避免后期安装位置错误，不易表述的设备位置可在施工图中做明确说明。

（3）数量正确。系统所需设备的数量必须填写正确。

（4）设备名称正确。设备名称必须正确。

（5）文件名称正确。作为工程技术文件，文件名称必须准确，能够直接反映文件内容。

（6）签字和日期正确。作为工程技术文件，设计、复核、审核、审定等人员签字非常重要，如果没有签字就无法确认该文件的有效性，也没有人对文件负责，更没有人敢使用。日期直接反映文件的有效性，因为在实际应用中，可能经常修改技术文件，一般是最新日期的文件替代以前日期的文件。表4-3为西元小区出入口控制系统点数表。

表4-3 西元小区出入口控制系统点数表

区域	设备名称	安装点位（位置）	数量
东门	智能翼闸	小区东门人行出入口处	6台
	动态人脸识别机	集成安装在智能翼闸上	8台
	管理设备	岗亭内部	1套
	岗亭	出入口道闸旁边	1个
西门	智能翼闸	小区西门人行出入口处	3台
	动态人脸识别机	集成安装在智能翼闸上	4台
	管理设备	岗亭内部	1套
	岗亭	出入口道闸旁边	1个
南门	智能翼闸	小区南门人行出入口处	3台
	智能摆闸	小区南门人行出入口处	3台
	动态人脸识别机	集成安装在智能翼闸上	8台
	管理设备	岗亭内部	1套
	岗亭	出入口道闸旁边	1个

4.3.3 设计出入口控制系统图

1. 西元小区出入口控制系统图

系统图的功能就是直观清晰地反映出入口控制系统的主要组成部分和连接关系，必须在图中清楚标明各种设备之间的连接关系，包括出入口智能通道闸、人脸识别机、传输设备、管理设备等。系统图一般不考虑设备的具体位置、距离等详细情况，图4-3所示为西元小区出入口控制系统图。

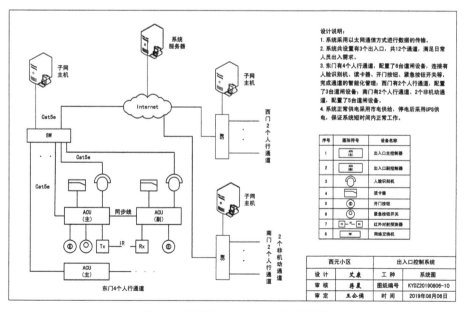

图 4-3 西元小区出入口控制系统图

2. 西元小区出入口控制系统图的图例与说明

图例说明：本系统图图例选取自 GA/T 74《安全防范系统通用图形符号》中出入口控制系统的相关图形符号。

系统图说明如下：

（1）系统采用以太网通信方式进行数据的传输。

（2）系统共设置有3个出入口，共12个通道，满足日常人员出入需求。

（3）东门有4个人行通道，配置了5台道闸设备，连接有人脸识别机、读卡器、开门按钮、紧急按钮开关等，完成通道的智能化管理；西门有2个人行通道，配置了3台道闸设备；南门有2个人行通道、2个非机动通道，配置了5台道闸设备。

（4）系统正常供电采用市电供给，停电后采用UPS供电，保证系统短时间内正常工作。

3. 出入口控制系统图的设计要点

1）图形符号必须正确

系统图设计的图形符号，首先要符合相关建筑设计标准和图集规定。

2）连接关系清楚

设计系统图的目的就是为了规定设备的连接关系，因此必须按照相关标准规定，清楚地给出各设备之间的连接关系，如通道闸与管理设备，通道闸与通道闸等之间的连接关系，这些连接关系实际上决定了出入口控制系统拓扑图。

3）通信方式标记正确

在系统图中要将各设备之间的通信方式标注清楚，方便工程施工选材。

4）说明完整

系统图设计完成后，必须在图纸的空白位置增加设计说明。设计说明一般是对图的补充，帮助快速理解和阅读图纸，对图中的符号也应给予说明等。

5）标题栏完整

标题栏是任何工程图纸都不可缺少的内容，一般在图纸的右下角。标题栏一般至少包括以下内容。

（1）建筑工程名称。例如，西元小区。

（2）项目名称。例如，出入口控制系统。

（3）工种。例如，系统图。

（4）图纸编号。例如，KYDZ20190806-10。

（5）设计人签字。

（6）审核人签字。

（7）审定人签字。

4.3.4 施工图设计

完成前面的系统点数表、系统图等设计资料后，出入口控制系统的基本结构和连接关系已经确定，需要进行设备布局等施工图的设计。施工图设计的目的就是规定出入口控制系统相关设备在建筑区域中安装的具体位置，一般使用平面图。

1. 东门出入口通道

东门为人车并行通道，小区内部车辆的出入口也在该处，故结合车辆出入口的实际情况，设置人行出入口设备及通道的安装位置，如图4-4所示为西元小区东门出入口控制系统的平面示意图，图4-5所示为其立面示意图。

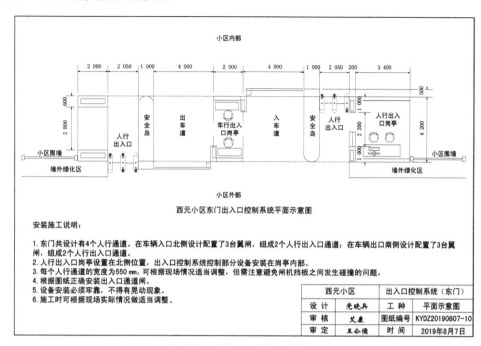

图4-4　西元小区东门出入口控制系统的平面示意图

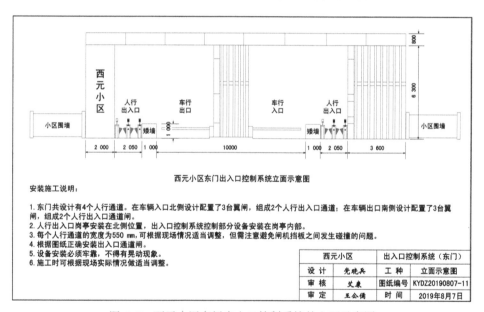

图4-5　西元小区东门出入口控制系统的立面示意图

安装施工说明：

（1）东门共设计有4个人行通道。在车辆入口北侧设计配置了3台翼闸，组成2个人行出入口通道；在车辆出口南侧设计配置了3台翼闸，组成2个人行出入口通道闸。

（2）人行出入口岗亭安装在北侧位置，出入口控制系统控制部分设备安装在岗亭内部。

（3）每个人行通道的宽度为550 mm，可根据现场情况适当调整，但需注意避免闸机挡板之间发生碰撞的问题。

（4）根据图纸正确安装出入口通道闸。

（5）设备安装必须牢靠，不得有晃动现象。

（6）施工时可根据现场实际情况做适当调整。

2. 西门出入口通道

西门为人行及消防通道，小区的消防通道也在该处，故结合消防通道的实际情况，设置人行出入口设备及通道的安装位置，如图 4-6 所示为西元小区西门出入口控制系统的平面示意图，图 4-7 所示为其立面示意图。

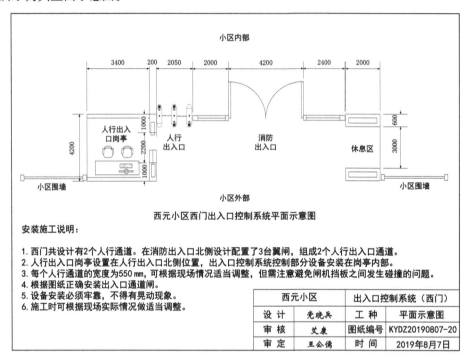

图 4-6　西元小区西门出入口控制系统的平面示意图

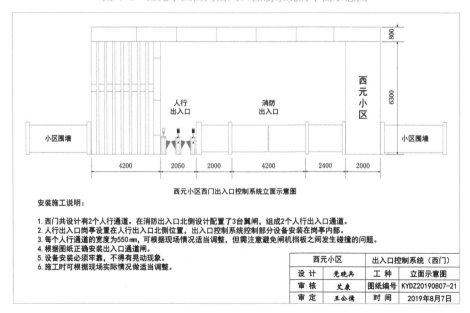

图 4-7　西元小区西门出入口控制系统的立面示意图

安装施工说明：

（1）西门共设计有2个人行通道。在消防出入口北侧设计配置了3台翼闸，组成2个人行出入口通道。

（2）人行出入口岗亭设置在人行出入口北侧位置，出入口控制系统控制部分设备安装在岗亭内部。

（3）每个人行通道的宽度为550 mm，可根据现场情况适当调整，但需注意避免闸机挡板之间发生碰撞的问题。

（4）根据图纸正确安装出入口通道闸。

（5）设备安装必须牢靠，不得有晃动现象。

（6）施工时可根据现场实际情况做适当调整。

3. 南门出入口通道

南门为人行及非机动车通道，设置有2个人行通道和2个非机动车通道，如图4-8所示为西元小区南门出入口控制系统的平面示意图，图4-9所示为其立面示意图。

安装施工说明：

（1）南门设计有2个人行通道，2个非机动车通道。在小区南门设计配置了3台翼闸，组成2个人行出入口通道；3台摆闸组成了2个非机动出通道。

（2）人行出入口岗亭设置在人行出入口西侧位置，出入口控制系统控制部分设备安装在岗亭内部。

（3）每个人行通道的宽度为550 mm，每个非机动车通道的宽度为1 200 mm，可根据现场情况适当调整，但需注意避免闸机挡板之间发生碰撞的问题。

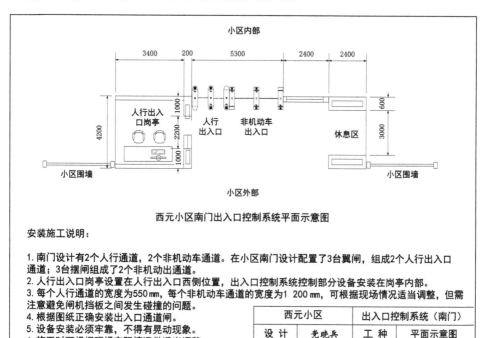

图 4-8 西元小区南门出入口控制系统的平面示意图

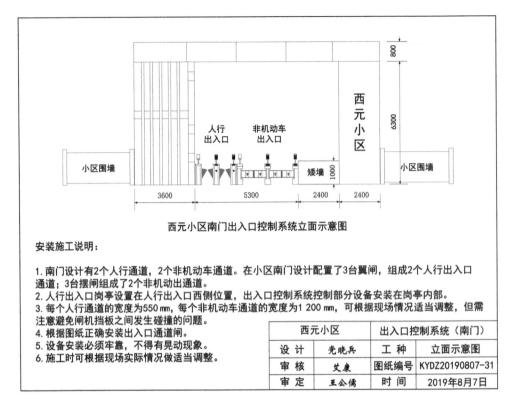

图 4-9 西元小区南门出入口控制系统的立面示意图

（4）根据图纸正确安装出入口通道闸。

（5）设备安装必须牢靠，不得有晃动现象。

（6）施工时可根据现场实际情况做适当调整。

4．施工图设计要点

施工图设计的目的就是规定系统设备在施工现场中安装的具体位置，一般使用平面图。施工图设计的一般要求和注意事项如下：

（1）布线路由设计合理正确。施工图设计了全部线缆和设备等器材的安装管道、安装路径、安装位置等，也直接决定工程项目的施工难度和成本。布线路由设计前需要仔细阅读建筑物的土建施工图、水电施工图、网络施工图等相关图纸，熟悉和了解建筑物主要水管、电管、气管等路由和位置，并且尽量避让这些管线。如果无法避让时，必须设计钢管穿线进行保护，减少其他管线对出入口控制系统的干扰。

（2）位置设计合理正确，在施工图设计中，必须清楚标注设备的安装位置、系统的布线路由等。

（3）说明完整，在图纸的空白位置增加设计说明等辅助内容，帮助施工人员快速读懂设计图纸。

（4）图纸标题栏信息完整。

4.3.5　编制材料统计表

材料统计表主要用于工程项目材料采购和现场施工管理，实际上就是施工方内部使用的技术文件，必须详细写清楚全部主材、辅助材料和消耗材料等。

编制材料表的一般要求如下：

（1）表格设计合理

一般使用A4幅面竖向排版的文件，要求表格打印后，表格宽度和文字大小合理，编号清楚，特别是编号数字不能太大或者太小，一般使用小四或者五号字。

（2）文件名称正确

材料统计表一般按照项目名称命名，要在文件名称中直接体现项目名称和材料类别等信息。

（3）材料名称和型号准确

材料统计表主要用于材料采购和现场管理，因此材料名称和型号必须正确，并且使用规范的名词术语。重要项目甚至要规定设备的外观颜色和品牌，因为每个产品的型号不同，往往在质量和价格上有很大差别，对工程质量和竣工验收有直接的影响。

（4）材料规格、数量齐全

出入口控制系统工程实际施工中，涉及设备、线缆、配件、消耗材料等很多品种或者规格，材料表中的规格、数量必须齐全。如果缺少一种材料或材料数量不够，就可能影响施工进度，也会增加采购和运输成本。

（5）签字和日期正确

编制的材料表必须有签字和日期，这是工程技术文件不可缺少的。如表4-4所示为西元小区出入口控制系统工程主材表。

表4-4　西元小区出入口控制系统工程主材表

序	设备名称	规格型号	数量	单位	品牌
1	智能翼闸	KYZNH-71-5	12	台	西元
2	智能摆闸	KYZNH-71-4	3	台	西元
3	动态人脸识别机	KYRLSBJ-1	20	台	西元
4	RFID射频识别控制器	KYDKQ-1	20	个	西元
5	红外对射探测器	KYDS-2	30	对	西元
6	通行指示屏	KYZSP-1	15	个	西元
7	语音提示播放器	KYYB-1	10	个	西元
8	RFID射频授权控制器	KYSQ-1	3	个	西元
9	计算机	Windows 64位操作系统，8 G内存，i5处理器，1 TB硬盘	4	套	西元
10	岗亭	HXGT-A2	3	个	西元
11	网络交换机	KYJHJ-1，24口网络交换机	3	台	西元
12	同步线		1	卷（30 m）	西元
13	网络双绞线	cat5e	10	箱（305 m）	西元
14	电源线	RVV3x1.0	5	卷（100 m）	西元
15	水晶头	RJ-45	5	盒（100个）	西元
16	其他耗材	详见耗材明细表			西元

编制：艾康　　　　　审核：蒋晨　　　　　审定：王公儒　西安开元电子实业有限公司

4.3.6 编制施工进度表

根据具体工程量大小，科学合理地编制施工进度表，可依据系统工程结构，把整个工程划分为多个子项目，循序渐进，依次执行。施工过程中也可根据实际施工情况，作出合理调整，把握项目进展工期，按时完成项目施工，如表4-5所示的西元小区出入口控制系统工程施工进度计划表。

表4-5　西元小区出入口控制系统工程施工进度计划表

施工进度计划表										
项目名称：西元小区出入口控制系统工程项目										
序	工种工序	工期	开始时间	截止时间	2019年9月		2019年10月			
					1周	2周	1周	2周	3周	4周
1	施工准备	3	9.15	9.17	▬					
2	管路敷设	20	9.18	10.7		▬▬▬				
3	线缆敷设	5	10.8	10.12				▬		
4	设备采购、检验	3	10.1	10.3				▬		
5	设备安装	10	10.12	10.22					▬	
6	系统调试、培训	5	10.23	10.28						▬
编制：艾康　审核：蒋晨　审定：王公僎　西安开元电子实业有限公司　2019年8月15日										

典型案例6　人行出入口通道闸通道构成

人行通道可以由设备机身之间组合构成，也可以由设备机身与构筑物（墙体或护栏等建筑设施）之间组合构成，典型案例如下：

（1）设备机身与设备机身之间有两个拦挡部分构成的单通道形态，如图4-10所示。

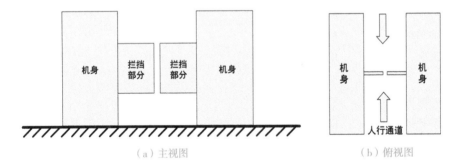

（a）主视图　　　　　　　　　　　　　　（b）俯视图

图4-10　设备机身与设备机身之间（类型Ⅰ）单通道构成

（2）设备机身与设备机身之间只有一个拦挡部分构成的单通道形态，如图4-11所示。

（3）设备机身与构筑物（墙体或护栏等建筑设施）之间构成的单通道形态，如图4-12所示。

（4）多个设备机身之间构成的多通道形态，如图4-13所示。

（5）多个设备机身与构筑物（墙体或护栏等建筑设施）之间构成的多通道形态，如图4-14所示。

（6）其他通道形态，比如混合了上述各种通道形态的情况。

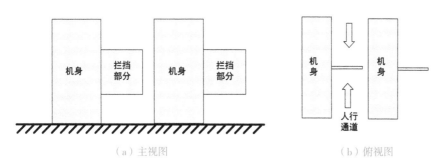

（a）主视图　　　　　　　　　　（b）俯视图

图 4-11　设备机身与设备机身之间（类型Ⅱ）单通道构成

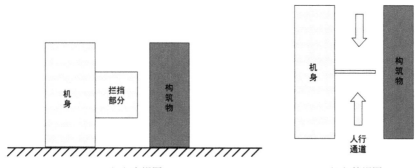

（a）主视图　　　　　　　　　　（b）俯视图

图 4-12　设备机身与构筑物之间单通道构成

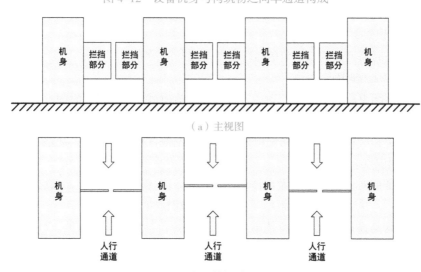

（a）主视图

（b）俯视图

图 4-13　多个设备机身之间多通道构成

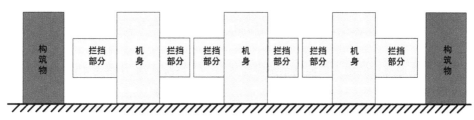

（a）主视图

图 4-14　多个设备机身与构筑物之间多通道构成

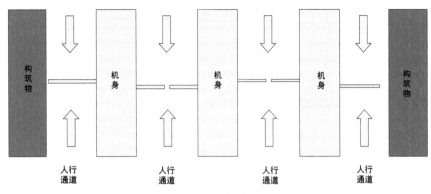

（b）俯视图

图 4-14 多个设备机身与构筑物之间多通道构成（续）

习　　题

1. 填空题（10题，每题2分，合计20分）

（1）出入口控制系统工程的设计应遵循规范性和实用性、先进性与互换性、_____、功能扩展性、联动性与兼容性原则。（参考4.1.1知识点）

（2）工程项目的内容和要求应包括_____、性能指标、安全需求、培训和售后服务要求等。（参考4.2.1知识点）

（3）现场勘查时需调查建设对象的风险防范等级与防护等级，人防、_____与_____建设情况等。（参考4.2.2知识点）

（4）现场勘察结束后应编制_____，内容应包括项目名称、勘察时间、参加单位及人员、项目概况、勘察内容、勘察记录等。（参考4.2.2知识点）

（5）主要设备和材料清单包括系统拟采用的主要设备材料_____、规格、_____、数量等。（参考4.2.3知识点）

（6）方案论证应对论证的内容做出评价，以通过、基本通过、_____意见给出明确结论，并且提出_____，并经建设单位确认。（参考4.2.4知识点）

（7）深化设计是设计方或承建方依据_____的评价结论和整改意见，对_____进行完善的一种设计活动。（参考4.2.5知识点）

（8）_____在工程实践中是常用的统计和分析方法，适合于综合布线系统、智能楼宇系统等各种工程应用。（参考4.3.2知识点）

（9）_____一般不考虑设备的具体位置、距离等详细情况。（参考4.3.3知识点）

（10）根据具体工程量大小，科学合理的编制_____。（参考4.3.6知识点）

2. 选择题（10题，每题3分，合计30分）

（1）用于消防通道口的出入口控制系统应与（　　　）系统联动。（参考4.1.1知识点）

A. 视频监控 　　　　　　　　　B. 入侵报警

C. 消防报警 　　　　　　　　　D. 停车场

（2）任务来源包括由建设单位主管部门下达的任务，政府部门要求的任务，建设单位自提

的任务，任务类型可分为（   ）等。（参考4.2.1知识点）

A. 新建   B. 改建   C. 扩建   D. 升级

（3）方案论证应提交（   ）等资料。（参考4.2.4知识点）

A. 设计任务书   B. 产品检验报告

C. 初步设计文件   D. 现场勘查报告

（4）施工图设计需对系统初步设计进行充实和完善，包括系统的（   ）等。（参考4.2.5知识点）

A. 用途   B. 结构   C. 功能   D. 性能

（5）某学校学生人数有1 100人左右，通道闸每个通道每分钟人流量为25人，按10 min学生全体通过计算，需要设置（   ）个通道。（参考4.3.1知识点）

A. 2   B. 3   C. 4   D. 5

（6）编制（   ）的目的是为了正确和清楚确定设备的安装点位，以及各点位的安装数量，方便安装施工中的领料和进度管理以及设备编号。（参考4.3.2知识点）

A. 点数统计表   B. 系统图   C. 设备材料清单   D. 施工图

（7）（   ）可以直观清晰地反映出入口控制系统的主要组成部分和连接关系。（参考4.3.3知识点）

A. 点数统计表   B. 系统图   C. 设备材料清单   D. 施工图

（8）工程图纸标题栏，包括（   ）。（参考4.3.3知识点）

A. 建筑工程名称   B. 项目名称   C. 设计人签字   D. 图纸编号

（9）（   ）设计的目的就是规定出入口控制系统相关设备在建筑区域中安装的具体位置。（参考4.3.4知识点）

A. 点数统计表   B. 系统图   C. 设备材料清单   D. 施工图

（10）（   ）属于材料表。（参考4.3.5知识点）

A. 主材   B. 辅助材料   C. 消耗材料   D. 施工工具

3. 简答题（5题，每题10分，合计50分）

（1）出入口控制系统工程的主要设计流程包括哪些内容？（参考4.1.2知识点）

（2）出入口控制系统工程的设计任务书应包括哪些内容？（参考4.2.1知识点）

（3）现场勘察一般包括哪些内容？（参考4.2.2知识点）

（4）出入口控制系统在进行方案论证时需论证哪些内容？（参考4.2.4知识点）

（5）出入口控制系统的主要设计内容有哪些？（参考4.3知识点）

实训项目 8   出入口控制系统工程的设计

1. 实训目的

（1）熟悉和巩固出入口控制系统工程的设计方法和注意事项。

（2）掌握出入口控制系统工程的设计方法。

2. 实训要求

参考本单元介绍的设计方法和图表，以学员单位或学校的出入口控制系统建设为例，独立完成出入口控制系统工程的设计，提交全套设计图纸和文件。

3. 实训器材和工具

（1）笔记本电脑。需要安装常用的软件，包括 Word、Excel、Visio、CAD 等。

（2）打印机。打印设计图纸。

4. 实训步骤

（1）按照本单元介绍的工程设计方法和步骤，逐项完成设计任务。

（2）设计作品以完整性与合理性为主进行评判。

5. 实训作业内容和评判要求

（1）实训报告必须有封面和完整的签字，占10分。

（2）以A4纸打印版或者电子文档，按时提交给老师评判，占10分。

（3）表格设计合理，占5分。

（4）数据正确，占5分。

（5）文件名称正确，占5分。

（6）签字和日期正确，占5分。

（7）设计文件完整，占60分，缺少1项扣10分。

① 编制出入口控制系统项目概况表，占5分。

② 编制需求分析措施表，占5分。

③ 基本设计思路，占5分

④ 编制系统点数表，占5分。

⑤ 设计出入口控制系统图，占10分。

⑥ 施工图设计，要求设计正确规范，布线路由合理，占10分。

⑦ 编制材料统计表，要求选型合理，规格齐全，数量合理，名称正确，占10分。

⑧ 编制施工进度表，占10分。

单元 ❺

出入口控制系统工程施工安装

出入口控制系统工程的安装质量直接决定工程的可靠性、稳定性和长期寿命等，施工安装人员不仅需要掌握基本操作技能，也需要一定的管理经验。本单元重点介绍出入口控制系统工程施工安装的相关规定和要求。

学习目标：

- 熟悉出入口控制系统工程施工安装的主要规定和技术要求等内容。
- 掌握出入口控制系统工程施工安装操作方法。

5.1 出入口控制系统工程施工准备

"工欲善其事，必先利其器"。施工前的准备工作非常重要，不仅涉及工程质量和工期，也直接影响工程造价和长期寿命，因此必须做好施工准备相关工作，保证施工与安装顺利进行。

1. 编制施工组织方案

出入口控制系统施工单位应根据深化设计文件编制施工组织方案，落实项目组成员。施工组织方案要结合出入口工程对象的实际特点、施工条件和技术水平进行综合考虑，依照施工组织方案进行施工，能有效保证施工活动有序、高效、科学合理地进行。

2. 召开技术交底会

进场施工前必须举行各方参加的技术交底会，甲方、监理方、乙方等单位的负责人和主要施工安装人员应该参加会议，并且应认真熟悉施工图纸及有关资料，包括工程特点、施工方案、工艺要求、施工质量标准及验收标准等。

3. 落实设备和材料

项目经理应按照施工组织方案落实设备和材料的采购和进场。工程需要使用的设备和材料等物品必须准备齐全，按照合同与设备清单，认真仔细准备各种设备和材料等，主要包括设备、仪器、器材、机具、工具、辅材、机械设备以及通信联络器材等。

4. 进场施工前应对施工现场进行检查

1）施工环境检查

（1）施工作业场地、用电等均应符合施工安全作业要求。

（2）施工现场管理需要的办公场地、设备设施存储保管场所、相关工程管理工具部署等均应符合施工管理要求。

（3）施工区域内没有遗留建筑垃圾等障碍物，没有不安全因素等影响施工的项目。当施工现场有影响施工的各种障碍物时，应提前清除。

（4）与项目相关的预留管道、预留孔洞、地槽及预埋件等均应符合设计要求和施工要求。如确认跨越道路位置已经预埋了管道，管道规格和数量与设计图纸规定相同；检查管道是否畅通，并且预留有牵引钢丝等。

（5）敷设管道电缆和直埋电缆的路由状况应清楚，并已对各管道标出路由标志。

（6）如果发现存在影响施工的问题时，应以书面方式及时通知甲方或施工方清理和完善。

2）施工设备和材料检查

施工设备和材料应满足连续施工和阶段施工的要求，如果出现短缺或坏件，将直接影响施工进度和工期，降低施工效率，增加运费和管理费等工程费用。例如，如果缺少几个膨胀螺栓或者螺丝时，需要再次向公司申请，走完审批流程，库房才能出货，还需要安排专人专车送到施工现场，运费和管理费远远高于直接材料费。因此在施工前，项目经理必须按照下面的项目分项进行检查。

（1）按照施工材料表对材料进行分类清点。

每一个工程项目都有大量的施工材料，例如，设备类、接头类、螺丝类、线缆类等，必须按照设计文件和材料表，逐项分类，逐一清点与核对，并且分类装箱，在箱外贴上材料清单，方便施工现场使用。

（2）各种部件、设备的规格、型号和数量应符合设计要求。

每个设备的用途和安装部位不同，每种设备配置的零器件也不相同，因此必须按照设计图纸仔细核对和检查，保证全部设备和部件符合图纸和工程需要，特别需要逐一检查设备型号和数量符合设计要求。有经验的项目经理都会在施工前对主要部件和设备进行预装配和调试，并且在外包装箱上做出明显的标记，方便在施工现场使用，提高工作效率，避免出现安装位置错误，提前保证工程质量。

（3）产品外观应完整、无损伤和任何变形。

在施工前必须检查产品外观完整，没有变形和磕碰等明显外伤，只有这样才能保证顺利验收。特别是道闸等安装在室外的出入口设备，应做好设备保护。

（4）有源设备均应通电检查各项功能。

在施工进场前，项目经理或工程师对从库房领出的有源设备进行通电检查非常重要，必须逐台进行，不得遗漏任何一台。在通电检查前必须提前认真阅读产品说明书，规范操作，特别注意设备的工作电压往往不同，不能将 12 V 直流设备接入 220 V 交流，这样将直接烧坏设备。

5. 安全教育和文明施工教育

进场施工前应对施工人员进行安全教育和文明施工教育。

5.2　出入口控制系统管路敷设

5.2.1　一般规定

1. 管路敷设应具备的条件

（1）敷设管路的管廊、管路支架、预埋件、预留孔等已按设计文件施工完成，坐标位置、标高、坡度等符合要求。

（2）与管路连接的设备已正确按照到位，并且固定完毕。

（3）管路组成件应具有所需的质量证明文件，并经检验合格。

（4）管路组成件已按设计要求进行核准，其材质、规格、型号正确，管路预制已按图样完成，并符合要求。

（5）管路组成件内部及焊接接头附近已清理干净，没有油污或杂物。

2. 敷设要求

（1）管路敷设宜按下列顺序进行：

① 先下后上顺序，也就是先敷设地下管路，后敷设地上管路。

② 先大后小顺序，也就是先敷设大管路，后敷设小管路。

③ 先高后低顺序，也就是先敷设高压管路，后敷设低压管路。

（2）管路敷设遵循路线最短、不破坏原有强电、防水层的原则。

（3）暗埋在混凝土的穿线管使用PVC管，不仅不会腐蚀，而且方便穿线。其他的穿线管根据消防规范应采用金属穿线管。

（4）敷设管路时，所有的线管尽量走两点间的直线距离。

（5）线管固定间距：使用管夹固定时，钢管的固定间距必须小于1.5 m，PVC管固定间距小于1.2 m。

（6）线管每隔10 m，需做60 cm×60 cm的手井。

（7）电源线用PVC管时，与信号线的管间距不小于15 cm，用钢管时，与信号线间距可缩小至10 cm。

（8）线管埋在地下时，水泥路面距离地面不得小于20 cm，花圃路面距离地面不得小于50 cm。

（9）为保障穿线方便，在拐弯处最好不要用工业模具生产的塑料成品弯头，而采用弯管器来制作大半径的弯管。

5.2.2　管路敷设

1. 管路敷设方式

（1）暗埋管敷设：一般情况下管路暗埋于墙体或地面内部，在土建和砌筑过程中随工布设，要求管路短、畅通、弯头少，其安全系数高，不会影响外形的美观，但施工难度大、后期可调整性差。

（2）明管敷设：整个管路敷设在建筑表面，施工简单，要求横平竖直、整齐美观。

2. 管路敷设

1）暗埋管敷设一般工序

第一步：预制大拐弯的弯头。用专业弯管器制作大拐弯的弯头。

第二步：测位定线。测量和确定安装位置与路由，并且画线标记。

第三步：安装和固定出线盒与设备箱。将出线盒、过线盒以及设备箱等安装到位，并且用膨胀螺栓或者水泥砂浆固定牢固。

第四步：敷设管路。根据布线路由逐段安装线管，要求横平竖直。

第五步：连接管路。用接头连接各段线管，要求连接牢固和紧密，没有间隙。暗埋在楼板和墙体中的接头部位必须用防水胶带纸缠绕，防止在浇筑时，水泥砂浆灌入管道内，水分蒸发后，留下水泥块，堵塞管道。

第六步：固定管路。对于建筑物楼板或现浇墙体中的暗管，必须用铁丝绑扎在钢筋上进行固定。对于砌筑墙体内的暗管，在砌筑过程中，必须随时固定。

第七步：清管带线。埋管结束后，对每条管路都必须进行及时的清理，并且带入钢丝，方便后续穿线。如果发现个别管路不通时，必须及时检查维修，保证管路通常。

2）明管敷设的一般工序

明装线管一般在土建结束，系统设备安装阶段进行，因为必须认真规划和设计，保证装饰效果。

第一步：预制大拐弯的弯头。用专业弯管器制作大拐弯的弯头。不能使用注塑的直角塑料弯头，因为注塑的弯头是90°直角拐弯，无法顺畅穿线，曲率半径也不能满足要求。

第二步：测位定线。测量和确定安装位置与路由，并且画线标记。一般采取点画线，也不能画线太粗，影响墙面美观。实际施工中，一般只标记安装管卡的位置，通过管卡位置确定布线路由，这样能够保持墙面美观。

第三步：安装和固定出线盒与设备箱。将接线盒、过线盒以及设备箱等安装到位，一般用膨胀螺栓或者膨胀螺丝固定在墙面。

第四步：敷设管路。根据布线路由逐个安装管卡，逐段安装线管，要求横平竖直。

第五步：连接管路。用直接头连接各段线管，要求连接牢固和紧密，没有间隙。管路与接线盒、过线盒和设备箱的连接必须牢固。

5.3 出入口控制系统线缆敷设

线路是电气工程的基础，线路布放、连接的质量好坏直接影响系统设备能否正常工作，以及影响设备的使用寿命，尤其是带有弱电数字信号传输的电气工程对线路质量的要求更高，系统工作效果的好坏与线路布放是否合理、是否规范直接相关，因此，控制布线的质量是电气工程的重要工作。

5.3.1 一般规定

1. 敷设准备

（1）应检查线缆的型号、规格等是否符合设计要求。

（2）应对线缆进行导通测试。

（3）应检查管路的敷设方式，间距是否符合设计要求。

（4）应根据布线设计，对线缆路由进行长度测算，并依据每盘/卷线缆的长度进行配线，配线长度应留有余量以适应不少于2次的端接、维护。

（5）应检查清理管路，并在管口处加护圈防护，避免损伤线缆。

（6）应根据设计要求，对导管和槽盒进行防潮、防腐蚀、防鼠等处理。

（7）应对敷设准备的过程及结果做相关记录。

2. 敷设要求

（1）线缆的敷设应自然平直，不应交叉缠绕、打圈。

（2）线缆敷设过程及完成后，应避免外力挤压造成线缆结构变形和损伤。

（3）线缆敷设时，应在线缆卷轴处、过线盒、管口处等部位，安排布线施工人员边送线、边收线，逐段敷设，不应强力拖拽。

（4）线缆的接续点应留在接线箱或接线盒内，不应留在管路内。

（5）敷设的线缆两端应留有适当余量，线缆两端、检修口等位置应设置标签，以便维护和管理。

（6）布线时电源线与信号线必须分管敷设。

（7）线缆必须敷设在管道内，不得直接敷设在地沟中或墙面上，特殊地方可用线槽布线。

（8）网络系统的最长信道距离不大于100 m，实际最大值按照约80 m为宜。

（9）线缆在线管出口处必须采取密封防水措施。

（10）穿线的弯曲半径，在布放控制和信号线缆时不小于线缆外径的10倍，在布放普通电源线电缆时不小于导线外径的6倍。

（11）管内穿放双绞线电缆时，管道截面的利用率一般为20%～25%。管道内穿放电源线和控制线等电线，管道截面的利用率一般为20%～25%。

5.3.2　线缆敷设

1. 管道内线缆敷设

管道内线缆敷设的具体步骤如下：

第一步：研读图纸、确定出入口位置。研读正式设计图纸，确定某一条线路的走线路径，对照图纸，在施工现场分别找出对应的管道出、入口。

第二步：穿引线。选择足够长度的穿线器或钢丝，将穿线器带铁丝引线从管道的一端穿入，从另一端穿出。如果穿线器或钢丝无法穿过整趟管道时，建议尝试从另一端重新穿入，或采取两端同时穿入钢丝对绞的方法。图5-1所示为穿线器照片。

穿线器的使用方法如下：

（1）将穿线器正确盘装在塑料壳中，并安装好盖板，如图5-2所示。

图 5-1　穿线器照片

图 5-2　准备穿线器

（2）将穿线器的引线端穿入管道，直至穿出管道的另一头，如图5-3所示。

（3）将束紧器的一端穿过钢弹头孔，整个束紧器穿过钢丝孔绕紧钢弹头，如图5-4所示。

图 5-3　穿牵引线

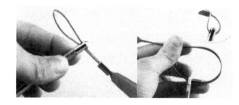
图 5-4　安装束紧器

（4）将线条绕成2个8字形，把需要紧固的电线从8字形上下穿过，把紧扣弹簧往上推紧，再整个塞进皮套内，如图5-5所示。试拉几下确认绑扎牢固，避免在管道中松脱，一次可以拉多根线缆。

图 5-5　固定线缆

注意：管道如果窄小，去掉皮套，用电工胶布代替，防止在管道直角弯卡住。

第三步：量取线缆。确定实际需要线缆长度，截取线缆，一般截取线缆的长度应比管道长 1 m 以上。若无法确定线缆长度时，一般采取多箱（卷）取线的方法，首先根据布线管道长度和需要的线缆规格，准备多箱线缆，然后分别从每箱（卷）中抽取一根进行穿线，把两端都穿线到位并且预留长度后，最后剪断线缆。

第四步：线缆标记。按照设计图纸和设备编号等规定，用标签纸在线缆的两端分别做上编号。编号必须与设计图纸、设备编号对应一致。

第五步：绑扎线缆与引线。将线缆理线和分类，并且进行整理和绑扎，保持美观，并且预留足够的长度。线缆绑扎必须牢固可靠，防止后续安装与调试中脱落和散落，绑扎接点要尽量小、尽量光滑，一般用塑料扎带或者魔术贴绑扎。

第六步：穿线。在管道的穿入端安排1人送线和护线，防止缠绕或者打结，在另一端，匀速慢慢拽拉引线，直至拉出线缆的预留长度，并解开引线。拉线过程中，线缆宜与管中心线尽量同轴，保证缆线没有拐弯，整段线缆保持较大的曲率半径。图 5-6 为正确的拉线角度，图 5-7 为错误的拉线角度。

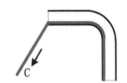

图 5-6　正确的拉线角度　　　图 5-7　错误的拉线角度

第七步：测试。测试线缆的通断、性能参数等，检验线缆是否在穿线过程中断开或受损。如果线缆断开或受损需及时更换。

第八步：现场保护。将线缆的两端预留部分用线扎捆扎，并用塑料纸包裹，以防后期施工损坏线缆。

2. 直埋线缆敷设

（1）直埋线缆的深度应综合考虑所处地域、地下水位、冻土层等环境因素确定，紧靠线缆处应用沙或细土覆盖，并在上面压一层砖保护。

（2）直埋线缆通过交通要道时，应采取抗压保护措施。

（3）直埋线缆在下述处应设置线缆标识：

①直埋段每隔200～300 m。

②线缆连续点、分支点、盘留点。

③线缆路由方向改变处。

④与其他专业管道的交叉处等。

⑤直埋线缆引出地面应采用导管进行防护。

3. 架空线缆敷设

（1）在桥梁上的电缆应穿管敷设。在人不易接触处，电缆可在桥上裸露敷设，但应采取避免太阳直接照射的措施。

（2）悬吊架设的电缆与桥梁架构之间的净距不应小于0.5 m。

（3）在经常受到震动的桥梁上敷设的电缆，应有防震措施。桥墩两端和伸缩缝处的电缆，应留有松弛部分。

桥架布线的操作步骤：

第一步：确定路由。根据施工图纸，结合现场情况，确定线缆路由。

第二步：量取线缆。根据实际情况量取电缆，一般多预留出至少1 m的长度以备端接，也可采取多箱取线的方法：根据线槽内敷设线缆的数量准备多箱双绞线，分别从每箱中抽取一根双绞线以备使用。

第三步：线缆标记。根据设计图纸与防区编号表，在线缆的首端、尾端、转弯及每隔50 m处，标签标记每条线缆的编号、型号及起、止点等标记。

第四步：敷设并固定线缆。根据线路路由在线槽内铺放线缆，并即时固定。

固定位置应符合以下规定：垂直敷设时，线缆的上端及每隔1.5～2 m处必须固定；水平敷设时，线缆的首、尾两端、转弯及每隔5～10 m处必须固定。

第五步：线路测试。测试线缆的通断、性能参数等，检验线缆是否在敷设过程中断开或受损。如果线缆断开或受损需及时更换。

4. 电缆附件的安装

（1）电缆接头的制作，应由经过培训的熟悉工艺的技工进行。制作时，应严格遵守制作工艺规程。

（2）电缆接头应符合下列要求：

① 型号、规格应与电缆类型要求一致，如电压、芯数、截面、护层结构等。

②结构应简单、紧凑，便于安装。

③全部材料、部件应符合技术要求。

④ 电缆线芯必须连接接线端子，应采用符合标准的接线端子，其内径应与电缆线芯紧密配合，间隙不应过大；截面宜为线芯截面的1.2～1.5倍，采用压接时，压接钳和模具应符合规格要求，三芯线缆接线端子的压接步骤如下：

第一步：剥除线缆外护套。剥除线缆外护套，使得3芯线露出合适长度。

第二步：剥除线芯护套。剥除线芯护套，使得线芯露出合适长度，如图5-8所示。

第三步：插入接线端子。将裸露的线芯插入接线端子，使得线芯露出压接孔，如图5-9所示。

第四步：压接接线端子。用压线钳压紧接线端子，确认线芯压接可靠，如图5-10所示。

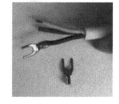

图5-8　剥除线芯护套　　图5-9　插入接线端子　　图5-10　压接接线端子

（3）控制电缆在下列情况允许有接头，但必须连接牢固，并不应受到机械拉力。

① 敷设的长度超过其制造长度时。

② 需要延长已敷设的电缆时。

③ 排除电缆故障时。

5.4 出入口控制系统设备安装

出入口控制系统的设备均为集成式的一体化设备，各种设备的安装基本为该设备的简单固定，主要工作为各设备之间的接线，本节以西元小区出入控制道闸系统实训装置的安装为例介绍各设备的基本安装和接线。

1. 出入口控制设备的基本安装步骤

第一步：通道闸定位。根据设计方案图纸，确定好通道闸要安装的位置、走向。确保地面平整，如果地面不平时，一定要垫平，要和甲方沟通好，确认安装位置。

第二步：开槽。走明线就不需要开槽，走暗线就需要在地面下方开槽，一般走2根PVC管，一根走强电，一根走弱电。

第三步：摆闸固定。固定摆闸位置，利用膨胀螺丝固定，水平对称，前后对称均匀一致，根据不同类型通道闸的特点和实际需求，确认通道的宽度。

第四步：设备固定好后，用手轻推设备，确认设备固定牢固。

第五步：设备确认安装完毕后，连接设备之间的相关线缆，并做好线标。

2. 设备的安装

1）主控制柜设备的安装与接线

如图5-11所示，依次在主控制柜内，对应安装出入口控制系统相关设备，并完成各设备之间的接线。

第一步：供电设备的安装与接线。将漏电保护开关、交换式直流电源、应急电源等供电设备分别安装在对应位置，如图5-12所示，注意安装位置准确，安装牢固可靠。将外接电源线接入漏电保护开关的输入端，输出端对应连接直流电源的输入端。

图 5-11 主控制柜设备安装布局图

第二步：一体化控制主板的安装与接线。将一体化控制主板固定安装在主控制柜内的对应位置，如图5-13所示，将其电池-电源端口分别连接应急电源的端口和直流电源的输出端口。

图 5-12 安装供电设备

图 5-13 安装一体化控制主板

第三步：永磁直流电动机的安装与接线。将永磁直流电动机固定安装在主控制柜的传动装置台上，如图5-14所示，将其信号线"电机"端口模块，插接在一体化控制主板的"电机"端口上，如图5-15所示。

<table>
<tr><td>图 5-14　安装电机</td><td>图 5-15　电机接线</td></tr>
</table>

第四步：电磁限位控制器的安装与接线。将3个电磁限位控制器分别固定安装在电机旁边的4个安装支架上，如图5-14所示，将其信号线"到位检测"端口模块，插接在一体化控制主板的"电机到位检测"端口上，如图5-16所示。

第五步：通行指示屏的安装与接线。将通行指示屏固定安装在主控制柜盖板的对应位置上，将其信号线"顶灯板"端口模块，一端插接通行指示屏的端口上，另一端插接在一体化控制主板的"顶灯板"端口上，如图5-17所示。

图 5-16　电磁限位控制器接线　　　　　图 5-17　通行指示屏安装与接线

第六步：语音提示播放器的安装与接线。将语音提示播放器固定安装在主控制柜内部的对应位置，将其信号线"语音"端口模块插接在一体化控制主板的"语音"端口上，如图5-18所示。

图 5-18　语音提示播放器安装与接线

第七步：红外对射探测器接收端的安装与接线。将4个红外对射探测器接收端分别对应安装在主控制柜内对应的位置，将其引出的信号线另一端插接在一体化控制主板的"红外检测"端口上，如图5-19所示。

图 5-19　红外对射探测器接收端安装与接线

第八步：AI动态人脸识别机的安装与接线。将AI动态人脸识别机安装在主控制柜盖板的安装孔上，安装时首先将人脸机的7根信号线穿过安装孔，根据实际环境调整位置无误后，拧紧人脸识别机自带的螺丝，可靠安装，如图5-20所示。

将信号线"人脸识别机"端插接在人脸识别机的韦根接口上，"韦根一"端插接在一体化控制主板的"韦根一"端口上，如图5-21所示。

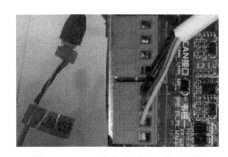

图 5-20　AI 动态人脸识别机安装　　　　　　图 5-21　AI 动态人脸识别机接线

第九步：RFID射频识别控制器的安装与接线。将射频识别控制器安装在主控制柜内部与刷卡区域对应的位置上，接线端子一面向外面安装，如图5-22所示。

图 5-22　安装 RFID 射频识别控制器

将信号线"串口接口"一端接在射频识别控制器接口端子上，另一端插接在控制主板的"串口二"端口上，如图5-23所示。

第十步：指纹识别控制器的安装与接线。将指纹识别控制器安装在主控制柜内部与指纹区域对应的位置上，将信号线"串口接口"一端接在指纹识别控制器接口端子上，另一端插接在控制主板的"串口一"端口上，如图5-24所示。

图 5-23 RFID 射频识别控制器接线

图 5-24 指纹识别控制器接线

2）副控制柜设备的安装与接线

副控制柜内主要包括一体化控制副板、通行指示屏、永磁直流电动机、电磁限位控制器、红外对射探测器发射端、RFID 射频识别控制器、指纹识别控制器和 AI 动态人脸识别机，如图 5-25 所示，依次在副控制柜内对应安装出入口控制系统相关设备，并完成各设备之间的接线。

图 5-25 副控制柜设备安装布局图

副控制柜内设备的安装与接线，基本与主控制柜类似，这里不再重复说明，部分设备接线的区别如下：

（1）指纹识别控制器的信号线缆插接在一体化控制副板的"串口三"端口。

（2）RFID 射频识别控制器的信号线缆插接在一体化控制副板的"串口四"端口。

（3）AI 动态人脸识别机的韦根接口信号线缆插接在一体化控制副板的"韦根二"端口。

（4）红外对射探测器发射端的信号线缆插接在一体化控制副板的"红外发射"端口。

3）主、副控制柜之间的接线

将同步信号线的两端分别连接一体化控制主、副板板的"同步线"端口，如图 5-26 所示，完成副板与主板信息及动作的同步，副板工作电源、数据信号的传输均由同步信号线完成。

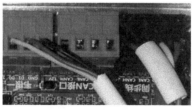

图 5-26 用同步信号线连接主、副板

3. 一体化控制板接线示意图

一体化控制板根据出入口控制系统的功能需求、所选型设备的不同，可通过单独的一体化控制板来实现，也可通过一体化控制主板和副板结合使用来实现，其各种功能接口用于连接出入口控制系统相关的器材设备。如图 5-27 所示为一体化控制板接线示意图。

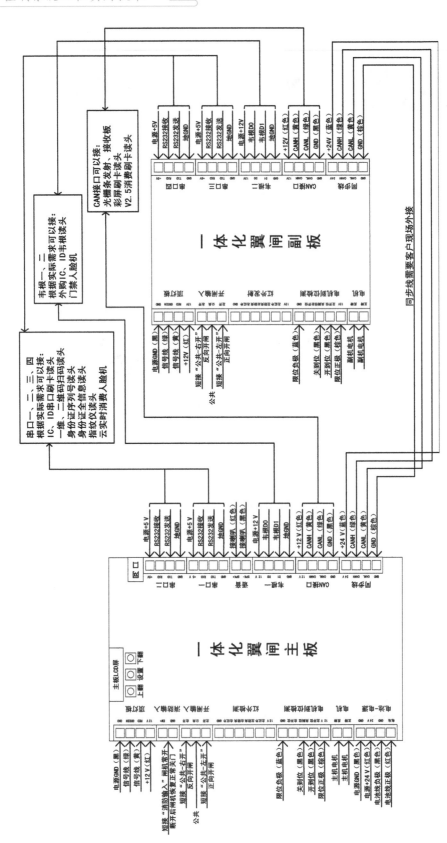

图 5-27 一体化控制板接线示意图

典型案例 7　常见的生物特征识别

随着信息技术和网络技术的高速发展，信息安全越来越重要了，生物识别技术以其特有的稳定性、唯一性和方便性，得到越来越广泛的应用。生物识别技术是指利用人体固有的生理特性，将计算机与光学、声学、生物传感器和生物统计学原理等高科技手段密切结合，进行个人身份的鉴定。常见的生物特征识别技术有指纹识别、人脸识别、静脉识别、掌纹识别、虹膜识别、声纹识别等。本书已经对指纹识别、人脸识别进行了介绍，这里不再阐述。

1. 静脉识别系统

1）系统概述

静脉识别是一种新兴的红外识别技术，它是根据人体静脉血液中脱氧血色素吸收近红外线或人体辐射远红外线的特性，用相应波长范围的红外相机摄取指背、指腹、手掌、手腕的静脉分布图，然后提取其特征进行身份认证。由于每个人的静脉分布唯一且成年后持久不变，所以可以唯一确定一个人的身份。

2）工作原理

静脉识别一般包括两种方式：第一种是通过静脉识别仪来提取个人静脉分布图；第二种方式是通过红外摄像头提取手指、手掌、手背等静脉图像，将提取的图像保存在计算机系统中，实现特征值存储，如图5-28、和图5-29所示。

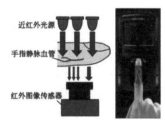

图 5-28　手指静脉

图 5-29　手掌静脉

3）系统特点

该系统近年来开始在银行金融、政府国安、教育社保、军工科研等领域试用，效果良好，具有活体识别、内部特征认证、安全等级高等特点。

（1）活体识别：只有活体手指才能采集到静脉图像特征，可作为该系统中的身份凭证；非活体手指是采集不到静脉图像特征的，因而无法识别，也就无法造假。

（2）内部特征认证：用手指静脉进行身份认证，获取的是手指内部静脉图像特征，跟手指外表没有任何关系。因此，不存在由于手指表面的损伤、干燥、湿润等带来的识别障碍。

（3）安全等级高：静脉识别技术的原理和特点，确保了使用者的静脉特征很难被伪造，所以静脉识别系统安全等级高，特别适合于监狱、银行、办公室等重要场所。

2. 掌纹识别系统

1）系统概述

掌纹识别是指利用手指末端到手腕部分的手掌图像中的特征进行身份识别，如主线、皱纹、细小的纹理、脊末梢、分叉点等，如图5-30所示。掌纹中所包含的信息比一枚指纹包含的信息更加丰富，利用这些特征完全可以确定一个人的身份。因此，从理论上讲，掌纹具有比指纹更好的分辨能力和更高的鉴别能力。

2）工作原理

掌纹识别工作过程由两部分构成，分别是训练样本录入阶段和测试样本分类阶段。训练样本录入阶段是对采集的掌纹训练样本进行预处理，然后进行特征提取，把提取的掌纹特征存入特征数据库中，等待与被分类样本进行匹配。测试样本分类阶段是对获取的测试样本经过与训练样本相同的预处理、特征提取步骤后，送入分类器进行分类匹配，确定其身份。图5-31为掌纹识别系统工作原理示意图。

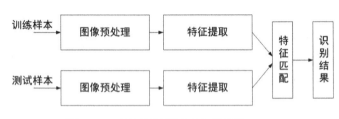

图 5-30　掌纹识别　　　　　　　图 5-31　掌纹识别系统工作原理图

3）系统特点

掌纹识别技术具有采样简单、图像信息丰富、用户接受程度高、不易伪造、受噪声干扰小等特点，受到国内外研究人员的广泛关注，但是由于掌纹识别的技术起步较晚，目前尚处于学习和借鉴其他生物特征识别的技术的阶段。

3. 虹膜识别系统

1）系统概述

虹膜识别技术是基于眼睛中的虹膜进行身份识别，应用于安防设备(如门禁等)以及有高度保密需求的场所。虹膜是人的眼睛中位于黑色瞳孔和白色巩膜之间的圆环状部分，其中包含有很多相互交错的斑点、细丝、冠状、条纹、隐窝等细节特征；胎儿发育阶段形成虹膜后，整个生命历程中将保持不变。这些特征决定了虹膜的唯一性，从而决定了身份识别的唯一性。因此，可以将眼睛的虹膜特征作为每个人的身份识别对象，如图5-32所示。

图 5-32　虹膜识别

2）工作原理

虹膜识别过程通常包括4个步骤：虹膜图像获取、图像预处理、特征提取与编码、特征匹配，如图5-33所示。

（1）虹膜图像获取：使用特定的摄像器材对人的整个眼部进行拍摄，并将拍摄到的图像传输给虹膜识别系统的图像预处理软件。

（2）图像预处理：对获取到的虹膜图像进行如下处理，使其满足提取虹膜特征的需求。

① 虹膜定位：确定内圆、外圆和二次曲线在图像中的位置。其中，内圆为虹膜与瞳孔的边界，外圆为虹膜与巩膜的边界，二次曲线为虹膜与上下眼皮的边界。

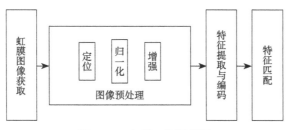

图 5-33 虹膜工作原理图

② 虹膜图像归一化：将图像中的虹膜大小，调整到识别系统设置的固定尺寸。

③ 图像增强：针对归一化后的图像，进行亮度、对比度和平滑度等处理，提高图像中虹膜信息的识别率。

（3）特征提取与编码：采用特定的算法从虹膜图像中提取出虹膜识别所需的特征点，并对其进行编码。

（4）特征匹配：将特征提取得到的特征编码与数据库中的虹膜图像特征编码逐一匹配，判断是否为相同虹膜，从而达到身份识别的目的。

3）系统特点

虹膜识别系统具有快捷方便、无法复制、不需物理接触、可靠性高等特点，投入少、免维护，配置灵活多样，便于用户使用，具有其他许多生物识别技术不可比拟的优点。目前的虹膜识别技术还不是很成熟，识别系统的应用也不够广泛，但随着技术的不断成熟、性能的不断完善、价格的不断降低，虹膜识别系统必将广泛地应用于金融、公安、医疗、人事管理、智能化门禁系统、通道控制等诸多领域。

4. 声纹识别系统

1）系统概述

声纹识别是将声信号转换成电信号，再用计算机进行识别的技术。人类语言的产生是人体语言中枢与发音器官之间一个复杂的生理和物理过程，每个人在讲话时使用的发声器官如舌、牙齿、喉头、肺、鼻腔等的尺寸和形态方面差异很大，所以任何两个人的声纹图谱都有差异。尽管由于生理、病理、心理、模拟、伪装、环境干扰等因素，声音会产生变异，但在一般情况下，人们仍能区别不同的人的声音或判断是否是同一人的声音。因此可以将声纹作为每个人的身份识别凭证，如图 5-34 所示。

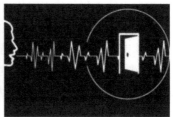

图 5-34 声纹识别

2）工作原理

声纹识别系统主要分为两种：声纹辨认和声纹确认。声纹辨认是将输入的未标记的语音样本确定为一组已知的说话人中的某一个，是一对多；声纹确认是确定输入的测试语音中是否存在某个语音的说话人，是一对一。不同的任务和应用会使用不同的声纹识别技术，如缩小刑侦范围时可能需要辨认技术，银行交易、医疗、交通等则需要确认技术。如图5-35所示为声纹识别系统示意图。

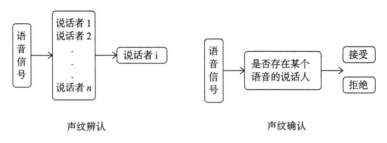

图 5-35 声纹识别系统示意图

声纹识别系统的工作过程一般可以分为两个过程：训练过程和识别过程。训练过程是系统对提取出来的说话人语音特征进行学习训练，建立声纹模板或语音模型库，或者对系统中已有的声纹模板或语音模型库进行适应性修改；识别过程是系统根据已有的声纹模板或语音模型库对输入语音的特征参数进行模式匹配计算，从而实现识别判断，得出识别结果。如图5-36所示为声纹识别的基本流程。

3）系统特点

与其他生物特征识别相比，声纹识别有一些特殊的优势，如获取语音方便、识别成本低廉、使用简单、适合远程身份确认、算法复杂度低等，因此声纹识别越来越受到系统开发者和用户的青睐，应用在信息安全、公安司法、银行交易、安保门禁、军事国防等方面。

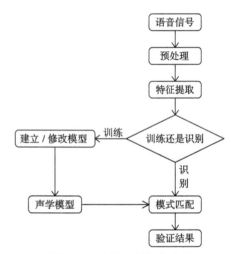

图 5-36 声纹识别基本流程

习　题

1. 填空题（10题，每题2分，合计20分）

（1）出入口控制系统工程的施工安装质量直接决定工程的_____、稳定性和_____等工程质量，施工人员不仅需要掌握基本操作技能，也需要一定的管理经验。（参考章首语）

（2）参加技术交底会前，各方应提前认真熟悉施工图纸及有关资料，包括工程特点、_____、工艺要求、_____等。（参考5.1知识点）

（3）敷设管道电缆和直埋电缆的路由状况应清楚，并已对各管道标出_____。（参考5.1知识点）

（4）每个设备的用途和安装部位不同，每种设备配置的零器件也不相同，因此必须按照_____仔细核对和检查，保证全部设备和部件符合_____和工程需要。（参考5.1知识点）

（5）管路敷设遵循路线最短、_____原有强电、防水原则。（参考5.2.1知识点）

（6）敷设的线路两端应留有_____，以便维护和管理。（参考5.3.1知识点）

（7）线缆在线管出口处必须采取_____措施。（参考5.3.1知识点）

（8）直埋线缆通过交通要道时，应采取_____保护措施。（参考5.3.2知识点）

（9）电缆接头的_____应与电缆类型要求一致，如电压、芯数、截面、护层结构等。（参考5.3.2知识点）

（10）设备固定好后，用手轻推设备，确认设备_____。（参考5.4知识点）

2．选择题（10题，每题3分，合计30分）

（1）工程需要使用的设备和材料等物品必须准备齐全，按照合同与设备清单，认真仔细准备各种设备和材料等，主要包括（　　　）。

A．设备　　　　　　B．仪器　　　　　　C．器材　　　　　　D．工具

（2）施工材料必须按照（　　　）和（　　　），逐项分类，逐一清点与核对，并且分类装箱，在箱外贴上材料清单，方便施工现场使用。（参考5.1知识点）

A．计划书　　　　　B．设计文件　　　　C．材料表　　　　　D．数量表

（3）线管每隔（　　　）m，需做60 cm×60 cm的手井。（参考5.2.1知识点）

A．5　　　　　　　　B．10　　　　　　　C．15　　　　　　　D．20

（4）电源线用PVC管时，与信号线的管间距不小于（　　　），用铁管时，与信号线间距可缩小至（　　　）。（参考5.2.1知识点）

A．5 cm　　　　　　B．10 cm　　　　　C．15 cm　　　　　D．20 cm

（5）配线长度应留有余量以适应不少于（　　　）次的端接、维护。（参考5.3.1知识点）

A．1　　　　　　　　B．2　　　　　　　C．3　　　　　　　D．4

（6）IP网络系统的最长信道距离不大于（　　　），实际最大值按照约（　　　）为宜。（参考5.3.1知识点）

A．110 m　　　　　B．100 m　　　　　C．90 m　　　　　D．80 m

（7）管内穿放双绞线电缆时，管道截面的利用率一般为（　　　）。管道内穿放电源线和控制线等电线，管道截面的利用率一般为（　　　）。（参考5.3.1知识点）

A．20%～25%　　　B．25%～30%　　　C．30%～35%　　　D．35%～40%

（8）直埋电缆每隔（　　　）距离应设置线缆标志。（参考5.3.2知识点）

A．50～100 m　　　　　　　　　　　B．100～200 m

C．200～300 m　　　　　　　　　　D．300～400 m

（9）悬吊架设的电缆与桥梁架构之间的净距不应小于（　　　）。（参考5.3.2知识点）

A．0.2 m　　　　　　B．0.5 m　　　　　C．0.8 m　　　　　D．1.0 m

（10）电缆线芯必须连接接线端子，应采用符合标准的接线端子，其内径应与电缆线芯紧密配合，间隙不应过大，截面宜为线芯截面的（　　　）倍。（参考5.3.2知识点）

A．0.8～1.0　　　　B．1.0～1.2　　　　C．1.2～1.5　　　　D．1.5～2.0

3．简答题（5题，每题10分，合计50分）

（1）系统施工前，应对工程使用的材料、部件和设备进行哪些检查？（参考5.1知识点）

（2）简述管路敷设的一般顺序。（参考5.2.1知识点）

（3）简述管道内线缆的敷设步骤。（参考5.2.3知识点）

（4）简述出入口控制系统设备的基本安装步骤。（参考5.4知识点）

（5）出入口控制系统的安装主要包括哪些设备的安装？（参考5.4内容）

实训项目 9　出入口控制系统设备安装实训

1. 实训目的

掌握出入口控制系统设备的安装技术。

2. 实训要求

完成出入口控制系统相关设备的安装与接线，熟练掌握其安装技术。在实训过程中，注意以下几点要求：

（1）安装固定必须牢固可靠。

（2）线缆必须正确对应连接。

（3）安装完毕后，再次检查可靠性与正确性。

3. 实训设备和操作要点

（1）实训设备：西元小区出入控制道闸系统实训装置，型号KYZNH-71-4。

（2）西元智能化系统工具箱，型号KYGJX-16。

（3）可靠固定安装出入口控制系统各设备，安装位置和接线正确。

（4）明确设备的接线方式和连接关系。

4. 实训内容及步骤

根据本单元5.4的内容和指导步骤，完成出入口控制系统相关设备的正确安装。

5. 实训报告

（1）实训项目名称。

（2）实训目的。

（3）实训要求和完成时间。

（4）实训设备名称、型号，至少应该包括实训设备、实训工具、实训材料的名称和规格型号。

（5）实训操作步骤和具体要点，给出主要操作步骤的技能要点描述和实操照片，包括完成作品的照片，至少有1张本人出镜的照片。

（6）实训收获，必须清楚描述本人已经完成的实训工作量，已经掌握的实践技能和熟练程度。

实训项目 10　人脸机静态 IP 设置实训

1. 实训目的

掌握AI动态人脸识别机静态IP设置的操作方法。

2. 实训要求

根据实训步骤，完成AI动态人脸机静态IP的设置操作，熟练掌握操作步骤。

3. 实训设备和操作要点

（1）实训设备：西元小区出入控制道闸系统实训装置，型号KYZNH-71-4。

（2）操作要点：完成设备的正确接线，明确人脸机静态IP设置的方法。

4. 实训内容及步骤

西元小区出入控制道闸系统实训装置中配置了AI动态人脸识别机，使用人脸机之前，需要为其设置静态IP地址，独立完成下列步骤，掌握人脸机操作方法。

第一步：设备通电。接通西元小区出入控制道闸系统实训装置电源，设备启动进入正常工作状态。

第二步：AI动态人脸机开机后进入人脸识别界面，如图5-37所示，左下角为人脸识别标识，右下角显示时间、日期、添加的人数、照片等信息。

第三步：连接鼠标。将鼠标连接至AI动态人脸机的USB端口，在任意处右击进入主界面，出现设置、视频播放器、图库等软件，如图5-38所示。

图 5-37　识别界面

图 5-38　主界面

第四步：单击"设置"图标 ⚙ 进入"设置"界面，与手机的设置界面类似，包括无线、蓝牙、截屏设置等功能，如图5-39所示。

第五步：单击"更多"图标，进入"更多"选项设置界面，包括飞行模式、网络共享与便携式热点、以太网、VPN和移动网络的设置，如图5-40所示。

图 5-39　设置界面

图 5-40　其他选项设置界面

第六步：单击"以太网"选项，进入如图5-41所示界面，启用以太网。

第七步：单击"以太网模式"选项，将当前模式由动态获取改为静态地址，如图5-42所示。

图 5-41　启用以太网

图 5-42　选择静态地址

　　第八步：选择静态地址后，弹出 IP 地址界面，手动输入 IP 地址为 192.168.1.xxx，每个人脸机的 IP 地址不能相同；输入网关为 192.168.1.1；输入子网掩码为 255.255.255.0；输入 DNS1 为 8.8.8.8。如图 5-43 所示，设置完成后单击"连接"按钮。

　　第九步：任意处右击返回主界面，单击 HPTFace 软件，返回识别界面。

　　第十步：静态 IP 地址设置成功，识别界面下方出现设置的 IP 地址，如图 5-44 所示。

图 5-43　手动输入地址

图 5-44　识别界面

5. 实训报告

（1）实训项目名称。

（2）实训目的。

（3）实训要求和完成时间。

（4）实训设备名称、型号，至少应该包括实训设备、实训工具、实训材料的名称和规格型号。

（5）实训操作步骤和具体要点，给出主要操作步骤的技能要点描述和实操照片，包括完成作品的照片，至少有 1 张本人出镜的照片。

（6）实训收获，必须清楚描述本人已经完成的实训工作量，已经掌握的实践技能和熟练程度。

单元 **6**

出入口控制系统工程调试与验收

出入口控制系统的调试是工程竣工前的重要技术阶段，只有完成调试和检验才能进行工程的最终验收，也标志着工程的全面竣工。调试和验收直接决定整个工程的质量和稳定性。本单元将重点介绍出入口控制系统工程调试与验收的关键内容和主要方法。

学习目标：

- 掌握出入口控制系统工程调试的主要内容和方法。
- 掌握出入口控制系统工程验收的主要内容。

6.1 出入口控制系统工程的调试

6.1.1 出入口控制系统的调试要求

出入口控制系统工程的调试工作应由施工方负责，由项目负责人或具有工程师、技师等资格的专业技术人员主持，必须提前进行调试前的准备工作。

1. 调试前的准备工作

（1）编制调试方案。系统调试前，应依据设计文件、设计任务书、施工计划等资料，并根据现场情况、技术力量及装备情况等综合编制系统调试方案。系统调试方案一般包括组织、计划、流程、功能/性能目标等内容。

（2）编制整理竣工技术文件，作为竣工资料长期保存，应包括但不限于项目概况表、系统需求分析措施表、系统点数表、系统图、施工图、材料表等。

（3）整理各种相关资料、详细了解系统的组成及布线情况等。

2. 调试前的自检要求

（1）按照设计图纸和施工安装要求，全面检查工程的施工质量。对施工中出现的错线、虚焊、断路或短路等问题应予以解决，并有文字记录。

（2）按深化设计文件的规定再次查验已经安装设备的规格、型号、数量、备品备件等是否正确。

（3）系统在通电前，必须再次检查供电设备的电压、极性、相位等。

（4）应对各种有源设备逐个进行通电检查，工作正常后方可进行系统调试。

（5）应根据业务特点对网络系统的配置进行合理规划，确保交换传输、安防管理系统的功能、性能符合设计要求，并可承载各项业务应用。

3. 供电、防雷与接地设施的检查

（1）检查系统的主电源和备用电源的容量。应根据系统的供电消耗，按总系统额定功率的1.5倍设置主电源容量。应根据管理工作对主电源断电后系统防范功能的要求，选择配置持续工作时间符合管理要求的备用电源。

（2）检查系统在电源电压规定范围内的运行状况，应能正常工作。

（3）分别用主电源和备用电源供电，检查电源自动转换和备用电源的自动充电功能。

（4）当系统采用稳压电源时，检查其稳压特性、电压纹波系数应符合产品技术条件。当采用UPS作备用电源时，应检查其自动切换的可靠性、切换时间、切换电压值及容量，并应符合设计要求。

（5）检查系统的防雷与接地装置的连接情况、系统设备的等电位连接情况，测试室外设备和监控中心的接地电阻。

4. 调试内容

出入口控制系统的调试内容应至少包括下列内容：

（1）应对照系统调试方案，对系统软硬件设备进行现场逐一设置、操作、调整、检查，其功能性能等指标应符合设计文件和相关标准规范的技术要求。

（2）识读装置、控制器、执行装置、管理设备等调试。

（3）各种识读装置在使用不同类型凭证时的系统开启、关闭、提示、记忆、统计、打印等判别与处理。

（4）各种生物识别技术装置的目标识别。

（5）系统出入授权/控制策略，受控区设置、单/双向识读控制、防重入、复合/多重识别、防尾随、异地核准等。

（6）与出入口控制系统共用凭证或其介质构成的一卡通系统设置与管理。

（7）出入口控制子系统与消防通道门和入侵报警、视频监控、电子巡查等子系统间的联动或集成。

（8）指示/通告、记录/存储等。

（9）出入口控制系统的其他功能。

5. 填写调试报告

（1）调试过程中，应及时、真实填写调试记录，调试记录包括调试时间、调试对象、调试人员、调试方案和调试结论等内容。

（2）在出入口控制系统调试完毕后，应根据调试记录，如实编写调试报告，系统主要功能、性能指标应满足设计要求，如表6-1所示。调试报告经建设单位签字认可后，整个系统才能进入试运行。

表6-1 出入口控制系统调试报告

工程单位		工程地址			
使用单位		联系人		电话	
调试单位		联系人		电话	
设计单位		施工单位			

续表

主要设备	设备名称、型号	数量	编号	出厂年月	生产厂	备注
遗留问题记录			施工单位 联系人		电话	
调试情况记录						
调试单位人员 （签字）			建设单位人员 （签字）			
施工单位负责 人（签字）			建设单位负责人 （签字）			
填表日期						

6.1.2 常见的问题及解决方法

出入口控制系统进入调试、试运行阶段以及后期的使用维护，有可能出现各种故障现象。对于一个项目，特别是对于复杂的、大型的工程项目来说，是在所难免的，也是一个必要的过程。对于出入口控制系统，要特别注意软件实时提示、检测信息，各硬件设备指示灯变化等，这些信息对于故障点的查找与排除有着指导性作用。

1. 排除故障的方法和要点

1）软件测试法

打开出入口控制系统配套的相关管理软件，根据相关信息提示，完成系统故障点的确认和处理。如软件不能检测到控制主板时，则需要去检查控制主板与控制主机之间的连接线路及主板的工作情况；可通过实时同步软件的信息提示，快速确认识读凭证不开门的故障等。

2）硬件观察法

系统正常供电时，可根据各硬件设备的指示灯变化来完成故障点的确认和处理。如可以观察电源指示灯和数据指示灯闪烁，判断控制主板是否处于工作状态；识读凭证时，可以观察对应数据接口指示灯，判断凭证数据是否传输至控制主板等。

3）排除法

合理的故障排除方法，会大大提高维护效率，一般采取分段、分级、替换、缩小范围方式，将故障范围缩小和确定在某一设备上面，让正常的设备使用，再排除故障。在排除过程中，重要设备、唯一设备必须保证是合格的，再向外查找，特别要注意的是系统参数设置，故障现象有无规律性，时间性，属于全部或是个别。

2. 常见故障及排除

出入口控制系统的各种故障原因大多会涉及设备自身问题、传输线缆问题、线路的正确连接、系统的正确配置等，下面罗列了一些常见的故障及处理方法。

1）故障现象：系统通电后道闸来回动作或开闸后不限位

处理方法：

（1）测试限位光电开关。检查零位、左开到位、右开到位的限位光电开关是否供电，接线有无松动或接触不良；用铁片放在光电开关前端，查看光电开关上面的灯是否变亮，如果不亮说明光电开关损坏，如果亮就适当调整光电开关的位置。

（2）检查限位光电开关与主板的连线是否连接可靠。

（3）限位光电开关和连线都正常则主板损坏。

2）故障现象：给有效开闸信号后闸机不动作

处理方法：

（1）主板及通行指示灯正常时。检查电机连接线是否连接好，如果电机线连接良好，用手摸电机尾部，确认电机是否在转动。如果电机在转动，说明电机线接反了，重新接电机线正负端；如果电机不转，直接将电源接到电机上；如果电机还是不转动，说明电机损坏；如果电机转动，说明主板上电机驱动芯片有问题，需更换主板。

（2）主板指示灯均不亮时。检查开关电源到主板的接线是否正常，如果主板上接线端有电压，检查保险管是否正常，如果保险管损坏，更换保险管，如保险管正常，说明主板损坏，需更换主板。

3）故障现象：闸机开闸后不复位或一开到位后立即复位

处理方法：

（1）当行人通行过后，闸机不立即复位，延时一定时间后才关闸，说明红外光电开关工作不正常。检测红外光电开关发射端与接收端是否对通；有信号输出时主板上的左红外或右红外指示灯会变亮，否则主板损坏。

（2）闸机打开后，当行人进入通道，闸机立即复位，说明左、右红外接反了，检查与主板的连线。

4）故障现象：断电后闸机不是打开状态

处理方法：

（1）检测备用电池的电压，电压过低时，只需给设备通电让电池充电一段时间即可。

（2）检查线路是否松动或脱焊，检测电池接线端子两端的电压输出是否正常，否则为控制板损坏。

5）故障现象：读卡器能读卡，指示灯不变化，道闸不动作

处理方法：检查读卡器与主板之间的接线是否正确，线路的长度是否符合要求。

6）故障现象：有一张卡突然不能读取

处理方法：换一张卡检查是否能读，能读说明读取器没有问题，问题出在了卡片上；不能读，说明读卡器损坏。

7）故障现象：一些用户指纹凭证经常无法验证通过

处理方法：手指上指纹被磨平、褶皱太多或手指脱皮严重的用户会出现上述问题。可将该指纹删除再重新登记，或登记另一个手指的指纹，尽量使手指接触指纹采集器面积大一些。

8）故障现象：用软件测试主板不能与计算机通信（TCP-IP）

处理方法：

（1）检查计算机本地IP是否与主板IP在同一网段，不在同一网段时进行修改。

（2）主板与计算机或交换机的距离超过了有效长度。

9）故障现象：闸机开闸后，很长时间不关闸

处理方法：

（1）无人通行时，检查出入口开启时长是否设置过长。

（2）有人通行时，检查防夹红外光电开关，输出信号端是否有电压（正常时为0 V），否则光电开关发射端或接收端损坏。

10）故障现象：开闸行人通过时报警

处理办法：

（1）检查出入口开启时长是否设置过短。

（2）检查进出红外线光电开关是否错接，也就是将进向的光电开关信号错接到了出向，而出向信号错接到了进向，如此造成误报警。

6.2　出入口控制系统工程的检验

出入口控制系统在试运行后、竣工验收前，需要对系统的全部设备和性能进行检验，保证后续顺利验收，这些检验包括系统功能性能、设备安装、线缆敷设、系统安全性、电磁兼容性、系统供电、防雷与接地等项目。

6.2.1　一般规定

（1）出入口控制系统的检验，应由甲方牵头实施或者委托专门的检验机构实施。

（2）出入口控制系统工程检验，应依据竣工文件和国家现行有关标准，检验项目应覆盖工程合同、设计文件及工程变更文件的主要技术内容。

（3）工程检验所使用的仪器、仪表必须经检定或校准合格，且检定或校准数据范围应满足检验项目的范围和精度要求。

（4）工程检验程序应符合下列规定：

① 受检单位提出申请，并提交主要技术文件等资料。技术文件应包括：工程合同、正式设计文件、系统配置图、设计变更文件、变更审核单、工程合同设备清单、变更设备清单、隐蔽工程随工验收单、主要设备的检验报告或认证证书等。

② 检验机构在实施工程检验前，应根据相关标准和提交的资料确定检验范围，并制定检验方案和实施细则。检验实施细则应包括检验依据、检验目的、使用仪器、抽样率、人员组成、检验步骤、检验周期等。

③ 检验人员应按照检验方案和实施细则进行现场检验。

④ 检验完成后应编制检验报告，并做出检验结论。

（5）检验前，系统应试运行一个月。

（6）对系统中主要设备按产品类型及型号进行抽样，抽样数量应符合下列规定：

① 同型号产品数量≤5时，应全数检验。

② 同型号产品数量＞5时，应根据GB/T 2828.1—2012《计数抽样检验程序 第1部分：按接收质量限(AQL)检索的逐批检验抽样计划》现行国家标准中的一般检验水平Ⅰ进行抽样，且抽样数量不应少于5。

③ 高风险保护对象出入口控制系统工程的检验，可加大抽样数量。

（7）检验中有不合格项时，允许改正后进行复测。复测时抽样数量应加倍，复测仍不合格则判该项不合格。

6.2.2 系统功能性能检验

出入口控制系统功能性能检验项目、检验要求及检验方法应符合表6-2的要求。

表6-2 出入口控制系统功能性能检验项目、检验要求及检验方法

序	检验项目	检验要求	检验方法
1	安全等级	系统安全等级应符合竣工文件要求	对系统中最高安全等级的出入口控制点进行现场复核;检查设备型号和对应的产品检测报告,确认设备的安全等级;对现场的设备配置组合进行检查,验证配置策略与出入口控制点安全等级;对各项功能进行验证,检查其结果与相应安全等级要求;检查系统的中心管理设备,其安全等级应不低于各出入口控制点的最高安全等级
2	受控区	系统受控区设置应符合竣工文件要求	对系统中的同权限受控区和高权限受控区进行现场复核;检查不同受控区设备的设置和安装位置
3	目标识别功能	系统应采用编码识读和(或)生物特征识读方式,对目标进行识别	检查采用的识读方式,核查相关产品的检测报告
		安全等级3和安全等级4的系统对目标识别时,不应采用只识读PIN的识别方式,应采用对编码载体信息凭证,和(或)模式特征信息凭证,和(或)载体凭证、特征凭证、PIN组合的复合识别方式	根据系统设计的安全等级,对最高安全等级的系统,检查系统采用的识读方式,分别验证只采用PIN识别及复合识别的有效性
4	出入控制功能	各安全等级的出入口控制点,应具有对进入受控区的单向识读出入口控制功能;安全等级为2、3、4等级的出入口控制点,应支持进入及离开受控区的双向出入控制功能;安全等级为3、4级的出入口控制点,应支持对出入目标的防重入、符合识别控制功能;安全等级为4级的出入口控制点,应支持多重识别控制、异地核准控制、防胁迫控制功能	对现场出入口控制点按竣工文件和安全等级进行识读的验证,检查访问控制功能
5	出入授权功能	系统应能对不同目标出入各受控区的时间、出入控制方式等权限进行授权配置	对各受控区的时间、出入方式等权限进行不同的授权配置,配置后进行出入测试,检查与授权配置内容的一致性
6	出入口状态监测功能	安全等级为2、3、4级的系统,应具有监测出入口的启/闭状态的功能;安全等级为3、4级的系统,应具有监测出入口控制点执行装置的启/闭状态的功能	根据系统竣工文件和安全等级要求,模拟出入口和出入口控制点执行装置的启/闭,检查系统的监测记录
7	登录信息安全	当系统管理员/操作员只用PIN登录时,其信息位数的最小值和信息特征应满足相应安全等级的要求;安全等级1级时至少为4位数字密码,安全等级2级时至少为5位数字密码,安全等级3级时至少为包含字母的6位密码,安全等级4级时至少为包含字母的8位密码;安全等级为3、4级时,PIN信息不应顺序升序或降序、相同字符连续使用两次以上	根据系统的竣工文件和安全等级要求,检查系统管理员/操作员的登录方式,当只用PIN登录时,对系统管理员/操作员设置不同位数、数字/字母组合的PIN,检查设置的状态和使用登录情况

续表

序	检验项目	检验要求	检验方法
8	自我保护措施	系统应根据安全等级要求采用相应自我保护措施和配置。位于对应受控区、同权限受控区或高权限受控区域以外的部件应具有适当的防篡改/防撬/防拆保护措施，连接出入口控制系统部件的线缆，位于出入口对应受控区和同权限受控区和高权限受控区域外部的，应封闭保护，其保护结构的抗拉伸、抗弯折强度应不低于镀锌钢管	根据竣工文件和安全等级要求检查对不同受控区的权限配置；检查对管控区域外部件防篡改、防撬、防拆措施
9	现场指示/通告功能	系统应能对目标的识读过程提供现场指示。当系统出现违规识读、出入口被非授权开启、故障、胁迫等状态和非法操作时，系统应能根据不同需要在现场和（或）监控中心发出可视和（或）可听的通告或警示	按照设计文件，通过非授权凭证进行识读、强行开启、胁迫码操作、非法密码操作，在现场、监控中心检查可视和（或）可听的通告或警示等；使用授权凭证进行识读后，查看相应的识读记录，包括记录的时间、地点、对象
10	信息记录功能	系统的信息处理装置应能对系统中的有关信息自动记录、存储，并有防篡改和防销毁等措施	检查系统对信息的记录，包括非法操作、故障、授权操作、配置信息等的记录；验证对信息记录进行导出和存储、更改和删除
11	人员应急疏散功能	系统不应禁止由其他紧急系统（如火灾等）授权自由出入的功能。系统必须满足紧急逃生时人员疏散的相关要求。当通向疏散通道方向为防护面时，系统必须与火灾报警系统及其他紧急疏散系统联动，当发生火警或需紧急疏散时，人员不用识读应能迅速安全通过	检查系统的应急开启方式，对设置的应急开启的开关或按键，验证操作后开启部分/全部出入口功能；与消防系统联动后，当触动消防报警时，验证开启相应出入口功能
12	一卡通用功能	当系统与其他业务系统共用的凭证或其介质构成"一卡通"的应用模式时，出入口控制系统与应独立设置与管理	查看"一卡通"的应用模式，按设计文件对"一卡通"进行设置和管理，验证其功能，检查出入口控制系统的独立设置与管理功能
13	其他功能	对系统涉及的出入口控制系统其他项目应符合国家现行有关标准、工程合同及竣工文件的要求	按照国家现行有关标准、工程合同及系统竣工文件中的要求进行

6.2.3　设备安装、线缆敷设检验

1. 设备配置及安装质量检验应符合的规定

（1）检查系统设备的数量、型号、生产厂家、安装位置，与工程合同、设计文件、设备清单相符合。设备清单及安装位置变更后应有变更审核单。

（2）系统设备安装质量检验。检查系统设备的安装质量，应符合相关标准规范的规定。

出入口控制系统设备安装检验项目、检验要求及检验方法应符合表6-3的要求。

表6-3　出入口控制系统设备安装检验项目、检验要求及检验方法

检验项目	检验要求	检验方法
出入口设备安装	各类识读装置的安装应便于识读操作，高度应符合竣工文件要求	检查各类识读装置的安装牢固性，测量安装的离地高度

续表

检验项目	检验要求	检验方法
出入口 设备安装	感应式识读装置在安装时应注意可感应范围，不得靠近高频、强磁场	验证感应式识读装置在感应范围内的识读功能
	受控区内出门按钮应安装在受控区外不能通过识读装置的走线孔触及出门按钮的信号线位置	检查出门按钮与识读装置错位安装或采取管线物理隔离方式；拆下对应识读装置，检查通过识读装置走线孔触及出门按钮的信号线情况
	锁具安装应保证在防护面外无法拆卸	检查锁具从防护面外进行拆卸和破坏情况

2. 线缆敷设质量检验应符合的规定

（1）检查系统全部线缆的型号、规格、数量，应与工程合同、设计文件、设备清单相符合。变更时，应有变更审核单。

（2）检查线缆敷设的施工和监理记录，以及隐蔽工程随工验收单，符合相关施工规定。

（3）检查隐蔽工程随工验收单，要求内容完整、准确。

（4）根据各出入口受控区级别，检查对应输入线缆在该出入口的对应受控区、同权限受控区、高权限受控区以外的部分进行的保护措施和保护结构。

（5）检查线路接续点和终端设置的标签或标识，查看编号，检查检修孔等位置的标签情况。

6.2.4 安全性及电磁兼容性检验

1. 安全性检验应符合的规定

1）设备安全性

（1）所用设备、器材的安全性指标应符合相关现行国家标准和相关产品标准规定的安全性要求。

（2）系统所用设备及其安装部件的机械强度，应能防止由于机械重心不稳、安装固定不牢、突出物和锐利边缘以及显示设备爆裂等造成对人员的伤害。

（3）系统和设备应有防人身触电、防火、防过热的保护措施。

2）信息安全性

（1）系统宜采用专用传输网络，有线公网传输和无线传输宜有信息加密措施，可对重要数据进行加密存储。

（2）系统应有防病毒和防网络入侵的措施。

（3）宜对用户和设备进行身份认证，对用户和设备基本信息、身份标识信息等进行管理。

3）系统防破坏能力

（1）系统传输线路的出入端线应隐蔽，并有保护措施。

（2）系统供电暂时中断，恢复供电后，系统应能自动恢复原有工作状态。

（3）系统宜具有自检功能，宜对故障、欠压等异常状态进行报警。

2. 电磁兼容性检验应符合的规定

（1）检查系统所用设备、传输线路的抗电磁干扰状况，应符合相应规定。

（2）主要设备的电磁兼容性检验应重点检验下列项目：

① 静电放电抗扰度试验：系统所用设备的静电放电抗扰度应符合GB/T 30148—2013《安全防范报警设备电磁兼容抗扰度要求和试验方法》现行国家标准的要求。

②电快速瞬变脉冲群抗扰度试验：系统所用设备的静电放电抗扰度应符合GB/T 30148—2013

《安全防范报警设备 电磁兼容抗扰度要求和试验方法》现行国家标准的要求。

6.2.5　供电、防雷与接地检验

1. 电源检验应符合的规定

（1）系统电源的供电方式、供电质量、备用电源容量等应符合相关规定和设计要求，在满负荷状态下，备用电源应能确保执行装置正常运行时间不小于27 h。

（2）主、备电源转换检验：应检查当主电源断电时，能否自动转换为备用电源供电。主电源恢复时，应能自动转换为主电源供电。在电源转换过程中，系统应能正常工作。

（3）电源电压适应范围检验：当主电源电压在额定值的85%～110%范围内变化时，不调整系统或设备，仍能正常工作。

2. 防雷设施检验重点检查的内容

（1）检查系统防雷设计和防雷设备的安装、施工。

（2）检查管理中心接地汇集环或汇集排的安装。

（3）检查防雷保护器数量、安装位置。

3. 接地装置检验应符合的规定

（1）检查接地母线和接地端子的安装，应符合相关规定。

（2）检查接地电阻时，相关单位应提供接地电阻检测报告。当无报告时，应进行接地电阻测试，结果应符合相关规定。若测试不合格，应进行整改，直至测试合格。

6.3　出入口控制系统工程的验收

6.3.1　验收的内容

1. 验收项目

验收是对工程的综合评价，也是施工方（乙方）向甲方移交工程的主要依据之一。出入口控制系统的工程验收应包括下列内容：施工验收、技术验收、资料审查、验收结论。

2. 工程验收的一般规定

（1）工程验收应由工程的设计单位、施工单位、建设单位和相关管理部门的代表组成验收小组，按验收方案进行验收。验收时应做好记录，签署验收证书，并应立卷、归档。

（2）工程项目验收合格后，方可交付使用。当验收不合格时，应由责任单位整改后，再行验收，直到合格。

（3）涉密工程项目的验收，相关单位、人员应严格遵守国家的保密法规和相关规定，严防泄密、扩散。

6.3.2　施工验收

（1）施工验收应依据设计任务书、深化设计文件、工程合同等竣工文件及国家现行有关标准，按表6-4列出的项目进行现场检查，并做好记录。

（2）隐蔽工程的施工验收，均应复核随工验收单或监理报告。

（3）施工验收应根据检查记录，按照表6-4规定的计算方法统计合格率，给出施工质量验收通过、基本通过或不通过的结论。

表6-4　施工验收表

工程名称：				工程地址：			
建设单位：				设计单位：			
施工单位：				监理单位：			

检查项目			质量要求	检查方法	检查结果		
					合格	基本合格	不合格
设备安装	1	安装位置	合理、有效	现场检查			
	2	安装质量	牢固、整洁、美观、规范	现场检查			
	3	机柜、操作台	安装平稳、牢固，便于操作维护	现场检查			
	4	控制设备	操作方便、安全	现场检查			
	5	开关、按钮	灵活、方便、安全	现场检查			
	6	设备接地	接地规范、安全	现场观察、询问			
	7	防雷保护	符合相关标准的要求	复核检验报告，现场观察			
	8	接地电阻	符合相关标准的要求	对照检验报告			
	9	电缆线扎及标识	整齐、有明显标号、标识并牢靠	现场检查			
	10	通电	工作正常	现场通电检查			
线缆敷设	11	布放要求	布放自然平直，标识清晰，编号统一并有适当保护	现场询问检查，符合隐蔽工程随工验收单			
	12	同轴电缆	一线到位，中间无接头	现场询问检查，复核隐蔽工程随工验收单			
	13	穿管线缆	无接头或扭结	现场询问检查，符合隐蔽工程随工验收单			
	14	架空线缆	悬挂方式、挂钩间距、线缆最低点等符合设计要求	现场观察、询问			
	15	管道线缆	线缆共管、线缆保护等符合设计要求	现场询问、检查，符合隐蔽工程随工验收单			
线缆连接	16	连接	连接器件连接可靠，绝缘良好，不易脱落	现场观察、询问			
	17	中间接续	线序正确、连接可靠、密封良好	现场观察、询问			
	18	网络数据电缆	连接器件的性能应与电缆相匹配，线序正确、连接可靠	现场观察、询问			
隐蔽工程	19	隐蔽工程		复核隐蔽工程随工验收单或监理报告			
检查结果 K_S（合格率）：				施工质量验收结论：			
施工验收组签名：				验收日期：			

注：1. 对每一项检查项目的抽查比例由验收组根据工程性质、规模大小等决定。

2. 在检查结果栏选符合实际情况的空格内打"√"，并作为统计数。

3. 检查结果：K_S =（合格数+基本合格数 × 0.6）/项目检查数。

4. 验收结论：$K_S \geq 0.8$ 判为通过；$0.8 > K_S \geq 0.6$ 判为基本通过；

　$K_S < 0.6$ 判为不通过，必要时做简要说明。

6.3.3　技术验收

技术验收应依据设计任务书、深化设计文件、工程合同等竣工文件及国家现行有关标准，按表6-5列出的检查项目进行现场检查或复核工程检验报告，并做好记录。

表6-5　技术验收表

工程名称：			工程地址：		
建设单位：			设计单位：		
施工单位：			监理单位：		
检查项目			检查要求与方法	检查结果	
				合格　基本合格　不合格	

检查项目		检查要求与方法	合格	基本合格	不合格
系统要求	1　系统主要技术性能	技术验收相关要求（1）；现场检查、复核检验报告			
	2　设备配置	技术验收相关要求（2）；复核检验报告			
	3　主要产品的质量证明	技术验收相关要求（3）；复核检验报告			
	4　系统供电	技术验收相关要求（4）；复核检验报告			
	5　目标识别、出入控制	技术验收相关要求（5）；现场检查			
	6　自我保护措施和配置	技术验收相关要求（5）；复核检验报告			
	7　应急疏散	技术验收相关要求（5）；现场检查			
检查结果 K_j（合格率）：		技术验收结论：			
技术验收组签名：		验收日期：			

注：1. 在检查结果栏选符合实际情况的空格内打"√"，并作为统计数。
　　2. 检查结果：K_j=（合格数+基本合格数×0.6）/项目检查数。
　　3. 验收结论：$K_j \geqslant 0.8$判为通过；$0.8 > K_j \geqslant 0.6$判为基本通过；
　　　　$K_j < 0.6$判为不通过。

技术验收相关要求：

（1）系统主要技术性能应根据设计任务书、深化设计文件和工程合同等文件确定，并在逐项检查中进行复核。

（2）设备配置的检查应包括设备数量、型号及安装部位的检查。

（3）主要产品的质量证明检查，应包括产品检测报告、认证证书等文件的有效性。

（4）系统供电的检查，应包括系统主电源形式及供电模式。当配置备用电源时，应检查备用自动切换功能和应急供电时间。

（5）出入口控制系统应重点验收检查下列内容：

①应检查系统的识读方式、受控区划分、出入权限设置与执行机构的控制等功能。

②应检查系统（包括相关部件或线缆）采取的自我保护措施和配置，并与系统的安全等级相适应。

③应根据建筑物消防要求，现场模拟发生火警或需紧急疏散，检查系统的应急疏散功能。

6.3.4　资料审查

按表6-6所列项目与要求，审查竣工文件的规范性、完整性、准确性，并做好记录。

表6-6　资料审查表

工程名称：				工程地址：					
建设单位：				设计单位：					
施工单位：				监理单位：					

审查内容	审查情况								
	规范性			完整性			准确性		
	合格	基本合格	不合格	合格	基本合格	不合格	合格	基本合格	不合格
1 申请立项的文件									
2 批准立项的文件									
3 项目合同书									
4 设计任务书									
5 初步设计文件									
6 初步设计方案评审意见									
7 深化设计文件和相关图纸									
8 工程变更资料									
9 系统调试报告									
10 隐蔽工程验收资料									
11 施工质量检验、验收资料									
12 系统试运行报告									
13 工程竣工报告									
14 工程初验报告									
15 工程竣工核算报告									
16 工程检验报告									
17 使用/维护手册									
18 技术培训文件									
19 竣工图纸									
审查结果 K_z（合格率）：				资料审查结论：					
资料审查组签名：				验收日期：					

注：1. 审查情况栏内分别根据规范性、完整性、准确性要求，选择符合实际情况的空格内打"√"，并作为统计数。

2. 检查结果：$K_z =$（合格数 + 基本合格数 × 0.6）/ 项目检查数。

3. 验收结论：$K_z \geqslant 0.8$ 判为通过；$0.8 > K_z \geqslant 0.6$ 判为基本通过；$K_z < 0.6$ 判为不通过。

6.3.5　验收结论

（1）系统工程的施工验收结果 K_s、技术验收结果 K_j、资料审查验收结果 K_z 均大于或等于0.6，且 K_s、K_j、K_z 中出现一项小于0.8的，应判定为验收基本通过。

（2）系统工程的施工验收结果 K_s、技术验收结果 K_j、资料审查验收结果 K_z 中出现一项小于0.6的，应判定为验收不通过。

（3）工程验收组应将验收通过、基本通过或不通过的验收结论填写于验收结论汇总表，如表6-7所示，并对验收中存在的主要问题提出建议与要求。

表6-7　验收结论汇总表

工程名称：		工程地址：			
建设单位：		设计单位：			
施工单位：		监理单位：			
施工验收结论		验收人签字：	年	月	日
技术验收结论		验收人签字：	年	月	日
资料审查结论		审查人签字：	年	月	日
工程验收结论		验收组组长签字：			
建议与要求：					
			年	月	日

（4）验收不通过的工程不得正式交付使用。施工单位、设计单位、建设单位等应根据验收组提出的意见与要求，落实整改措施后方可再次组织验收。工程复验时，对原不通过部分的抽样比例应加倍。

典型案例8　常见的手机出入口控制系统

在"互联网+"、物联网、移动智能化的影响下，以智能手机应用为载体的出入口控制系统得到了很大的发展，进入了基于移动互联网平台的智能化阶段。手机出入口控制系统是指将虚拟身份凭证安全地进行配置，并可靠地嵌入到智能手机或其他移动设备中，结合门禁控制器和闸机等设备，实现出入人员的控制与管理。常见的虚拟身份凭证有：二维码、蓝牙技术、NFC技术等。

1. 二维码出入口控制系统

1）系统概述

二维码是指特定的几何图形，按一定规律在平面（二维方向）上分布成黑白相间的矩形方阵，并记录数据符号信息。二维码出入口控制系统是以二维码为出入凭证，以智能手机作为凭证载体，将二维码识别技术与互联网科技手段结合，实现系统的数据传输和出入控制。

2）工作原理

二维码出入口控制系统一般包括控制主机、门禁控制器、二维码识读设备和配套软件等，还可与道闸系统集成，实现系统出入口控制功能。该系统有两种工作模式，一种是扫描动态二维码，另一种是反扫二维码。

模式一：扫描动态二维码。该模式是在通道或门口处设立门禁控制器，可与道闸系统联动使用，并配备有动态二维码显示器，出入人员通过手机微信公众号或APP应用，扫描显示器上不断动态变化的二维码，通过权限认证后方可通过，二维码时限或次数到期后，系统自动注销通行权限。图6-1为常见的动态二维码显示器，图6-2为该系统模式下的工作流程图。

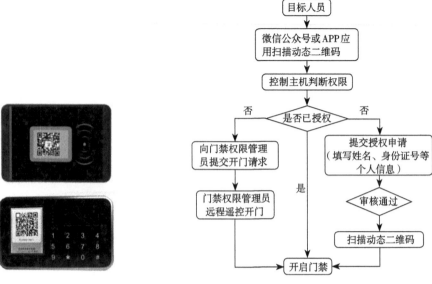

图 6-1　常见的动态二维码显示器　　　　　图 6-2　扫描动态二维码的开门流程

模式二：反扫二维码。该模式是在系统中配置反扫二维码读卡器，出入人员通过智能手机微信公众号或 APP 应用，打开二维码或者凭打印的二维码通行票，在反扫二维码读卡器上进行识读，通过权限认证后方可通过，二维码时限或次数到期后，系统自动注销通行权限。图 6-3 为常见的反扫二维码读卡器，图 6-4 为该系统模式下的工作流程图。

图 6-3　常见的反扫二维码读卡器

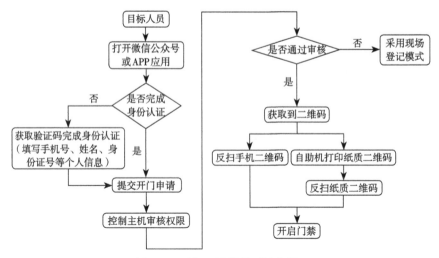

图 6-4　反扫二维码的开门流程

3）系统优势

二维码出入口控制系统具有以下优势：

（1）以二维码为凭证，以智能手机作为凭证载体，无须大量使用卡片，降低了系统成本。

（2）二维码可以设置为按时限使用或按次使用，过期作废，避免了传统门禁卡"携带不便""卡片丢失""容易被复制和破解"等问题，更加安全便捷。

（3）出入口管理、访客管理、考勤管理等功能更加方便完善，系统更加智能化、互连互通化，提高了管理人员的工作效率。

2. 基于蓝牙技术的出入口控制系统

1）系统概述

蓝牙技术是一种低功率短距离的无线通信技术标准的代称，可实现固定设备、移动设备和楼宇之间的短距离数据交换，使不同的设备在没有电线或电缆连接的情况下，能在近距离范围内互用、互操作。基于蓝牙技术的出入口控制系统，是以蓝牙技术作为系统数据传输的，通过智能手机APP与控制主机的互相核验，获得出入权限，实现人员的出入控制与管理。

2）工作原理

基于蓝牙技术的出入口控制系统一般包括控制主机、门禁控制器、蓝牙通信模块和配套软件等，系统设备端安装蓝牙通信模块作为蓝牙接收器，移动端安装专用APP来调用蓝牙口令，同时可与道闸系统集成使用，实现出入人员的控制与管理。

用户在靠近门口时打开APP，手机自动与门禁控制器的蓝牙通信模块匹配连接，实现蓝牙协议对接，并向控制主机发送开门请求信号，系统审核通过后发送开门指令，门禁控制器接收指令，并控制电锁开启，用户从而获得出入权限，手机远离系统后自动断开连接。

蓝牙通信模块是指集成蓝牙功能的基本电路芯片，一般内嵌于门禁控制器中，通常有直插式和贴片式两种，如图6-5所示。

直插式　　　　　　　　　　　　贴片式

图6-5　常见的蓝牙通信模块

3）系统优势

基于蓝牙技术的出入口控制系统具有以下优势：

（1）采用无线通信方式，技术成熟，传输范围大，工作频率高，通信稳定。

（2）设备之间的路由简单，功耗低，升级改造容易且成本低。

（3）系统无须网络和卡片，使用更加方便快捷，数据传输过程中需要加密和认证，安全性能较高。

3. 基于NFC技术的出入口控制系统

1）系统概述

NFC即近距离无线通信技术，通过非接触式射频识别技术及互连互通技术整合演变而来，能够在移动设备、消费类电子产品、PC和智能控件工具间进行近距离无线通信。基于NFC技术的出入口控制系统是以NFC芯片作为虚拟身份凭证，以带有NFC功能的智能手机作为载体，通过无线通信方式传输数据，实现人员的出入控制与管理。

2）工作原理

基于NFC技术的出入口控制系统，一般包括控制主机、NFC发卡器、门禁控制器、NFC门禁读头等设备，配套有相应软件，同时可与道闸系统联动使用，实现门禁功能。

将个人身份信息录入NFC标签并进行授权后，人员即可持内置有NFC标签的智能手机与门禁读头进行无线通信，门禁读头将读取出的信息实时传送给门禁控制器，并进一步传送至控制主机，经审核通过后，人员即可获得出入权限。

NFC发卡器能够对NFC标签进行读写和授权，如图6-6所示；NFC门禁读头一般安装在门禁控制器上，与智能手机实现近距离无线通信，如图6-7所示。

图6-6　NFC发卡器　　　　　　　　　　图6-7　NFC门禁读头

3）系统优势

基于NFC技术的出入口控制系统具有以下优势：

（1）与密码识别、卡片识别等出入口系统相比，NFC系统的安全性和便利性更高，主要表现在：系统结构简单，识别速度快，采用集中式管理，用户无须携带多种卡即可完成出入控制、访客管理、考勤管理、非现金交易等操作。

（2）与蓝牙等移动智能出入口控制系统相比，NFC系统的制作成本更低，只需要把NFC功能模块搭载到移动终端，且它的保密性和安全性更高，主要表现在：耗电量低且一次只能连接一台机器，短距离建立连接速度快，无线连接时需要密钥等。

智能手机出入口控制系统与其他出入口控制系统相比，有很多的优点，例如工作频率高、升级改造容易、成本低廉、抗干扰性强、安全性高等。高新技术的不断成熟和发展，将使得智能手机出入口控制系统拥有更加广阔的发展空间。

习　　题

1. 填空题（10题，每题2分，合计20分）

（1）出入口控制系统的调试是整个工程竣工前的重要技术阶段，只有完成＿＿＿＿和＿＿＿＿才能进行工程的最终验收，也标志着工程的全面竣工。（参考章首语）

（2）出入口控制系统工程的调试工作应由＿＿＿＿负责，由项目负责人或具有工程师、技师等资格的＿＿＿＿主持，必须提前进行调试前的准备工作。（参考6.1.1知识点）

（3）系统调试前应对各种有源设备逐个进行＿＿＿＿，工作正常后方可进行系统调试。（参考6.1.1知识点）

（4）合理的故障排除方法，会大大提高维护效率，一般采取＿＿＿＿、分级、＿＿＿＿、缩小范围方式，将故障范围缩小和确定在某一设备上面，让正常的设备使用，再排除故障。（参考6.1.2知识点）

（5）对系统中主要设备按产品类型及型号进行抽样，同型号产品数量_____时，应全数检验。（参考6.2.1知识点）

（6）检验前，系统应试运行_____。（参考6.2.1知识点）

（7）系统设备配置检验应检查系统设备的数量、型号、生产厂家、_____，应与工程合同、_____、设备清单相符合。（参考6.2.3知识点）

（8）隐蔽工程的施工验收均应复核_____或监理报告。（参考6.3.2知识点）

（9）资料审查需审查竣工文件的_____、完整性、准确性，并做好记录。（参考6.3.4知识点）

（10）验收不通过的工程不得正式交付使用。施工单位、设计单位、建设单位等应根据验收组提出的意见与要求，落实整改措施后方可_____。（参考6.3.5知识点）

2. 选择题（10题，每题3分，合计30分）

（1）出入口控制系统调试前的准备工作主要包括（　　）（参考6.1.1知识点）

A. 编制调试方案   B. 编制竣工技术文件

C. 整理各种相关资料   D. 详细了解系统的组成及走线情况

（2）出入口控制系统的各种故障原因大多会涉及（　　）等。（参考6.1.2知识点）

A. 设备自身问题   B. 传输线缆问题   C. 线路的正确连接   D. 系统的正确配置

（3）出入口控制系统的检验包括（　　）。（参考6.2知识点）

A. 系统功能性能   B. 设备安装   C. 线缆敷设   D. 系统安全性

（4）受检单位提交主要技术文件包括（　　）等。（参考6.2.1知识点）

A. 工程合同   B. 正式设计文件   C. 工程合同设备清单   D. 系统配置图

（5）下列选项属于出入口控制系统功能性能检验项目的有（　　）。（参考6.2.2知识点）

A. 安全等级   B. 设备安装   C. 目标识别功能   D. 出入控制功能

（6）当主电源电压在额定值的（　　）范围内变化时，不调整系统或设备，仍能正常工作。（参考6.2.5知识点）

A. 75%～100%   B. 75%～110%   C. 85%～100%   D. 85%～110%

（7）出入口控制系统的工程验收应包括（　　）。（参考6.3.1知识点）

A. 施工验收   B. 技术验收   C. 资料审查   D. 验收结论

（8）出入口控制系统设备安装质量验收的质量要求应包括（　　）。（参考6.3.2知识点）

A. 牢固   B. 整洁   C. 美观   D. 规范

（9）出入口控制系统应重点验收检查下列功能内容（　　）。（参考6.3.3知识点）

A. 出入控制   B. 目标识别   C. 设备配置   D. 应急疏散

（10）验收结论为通过的选项为（　　）。（参考6.3.5知识点）

A. $K_S=0.9$，$K_j=0.8$，$K_Z=0.5$ B. $K_S=0.8$，$K_j=0.7$，$K_Z=0.9$

C. $K_S=0.9$，$K_j=0.8$，$K_Z=0.8$ D. $K_S=0.8$，$K_j=0.6$，$K_Z=0.6$

3. 简答题（5题，每题10分，合计50分）

（1）出入口控制系统调试应至少包括哪些内容？（参考6.1.1知识点）

（2）简述出入口控制系统排除故障的方法和要点。（参考6.1.2知识点）

（3）简述停车场系统工程的主要检验程序。（参考6.2.1知识点）

（4）出入口控制系统验收有哪些判断依据，如何确认验收结论？（参考6.3知识点）

（5）出入口控制系统资料审查内容包括哪些文件？至少填写10项。（参考6.3.4知识点）

实训项目 11 一体化控制主板调试实训

1. 实训目的

（1）掌握一体化控制主板参数设置的操作。

（2）掌握脱机开卡的操作。

2. 实训要求

小区出入控制道闸系统一体化控制主板上配置有一个LCD屏，下方有三个操作按键，实现对系统基本功能的设置和调试。通过本实训内容，完成相关操作，迅速掌握一体化控制主板的设置与调试技术。

3. 实训设备和操作要点

（1）实训设备：西元小区出入控制道闸系统实训装置，型号KYZNH-71-4。

（2）操作要点：按实训内容正确完成一体化控制主板调试。

4. 实训内容

1）一体化控制主板的基本说明

（1）正常运行状态下：

①一体化控制主板的LCD屏上显示主板的IP地址及当前运行时间。

②上翻键：正向开闸。下翻键：反向开闸。设置键：关闸。

（2）一体化控制主板基本设置说明：

①长按"设置"键三秒后放开，进入功能设置界面。

②按"上翻"或"下翻"键移动选择菜单项。

③选择菜单项后，短按"设置"键，进入相应菜单参数设置中。

④按"上翻"或"下翻"键可以修改参数值。

⑤完成后，短按"设置"键保存设置并返回到菜单项中。

⑥回到菜单项后，长按"设置"键可以回到工作状态。

2）控制主板调试步骤

第一步：过闸时间设置。长按"设置"键进入F00界面，设置过闸时间，允许设置范围为2~30 s，一般默认设置为10 s。

第二步：闸机方向设置。按"下翻"键进入F01界面，可设置闸机方向为正向或反向，此项功能一般用于三辊闸系统中，本机设置为正向。

第三步：光栅条段数设置。进入F02界面，设置光栅条段数，允许设置范围为0-3段，翼闸默认2段，摆闸默认3段，故本机设置为02段。

第四步：软件功能设置。进入F03界面，可设置软件功能为门禁功能、票务功能、消费功能、云实时功能，根据实际需求选择不同的功能，本机设置为门禁功能。

第五步：闸机类型设置。进入F04界面，可设置闸机类型为翼闸、双摆、单摆、防撞双摆、防撞单摆、液压三辊闸，根据实际需求选择不同的闸机类型，本机设置为双摆。

第六步：入口开闸模式设置。进入F05界面，设置入口开闸模式，可根据实际需求设置为刷卡开门、按钮开门或感应开门模式，本机设置为刷卡开门模式。

第七步：出口开闸模式设置。进入F06界面，设置出口开闸模式为刷卡开门，设置方法与入口开闸模式相同。

第八步：韦根一类型设置。进入F07界面，设置韦根一类型，可设置类型为人脸、禁用、WG26、WG34，本机设置为人脸。

第九步：韦根一方向设置。进入F08界面，可设置韦根一方向为入口或出口，本机设置为入口。

第十步：韦根二类型设置。进入F09界面，设置韦根二类型，与韦根一类型相同。

第十一步：韦根二方向设置。进入F10界面，设置韦根二方向，设置为出口。

第十二步：串口一类型设置。进入F11界面，设置串口一类型，可供选择的类型有：IC卡、指纹、H915、2.4 G、备用、禁用、ID卡、条码、身份证序列号、18位身份证号和身份证全文字。根据系统需求进行设置，本机设置为指纹。

第十三步：串口一方向设置。进入F12界面，可设置串口一方向为入口或出口，根据实际需求进行设置，本机设置为入口。

第十四步：串口二类型设置。进入F13界面，设置串口二类型，可供选择的类型与串口一相同，根据实际需求进行设置，本机设置为IC卡。

第十五步：串口二方向设置。进入F14界面，设置串口二方向，可供选择的选项与串口一相同，根据实际需求进行设置，本机设置为入口。

第十六步：串口三类型设置。进入F15界面，设置串口三类型，本机设置为指纹。

第十七步：串口三方向设置。进入F16界面，设置串口三方向，本机设置为出口。

第十八步：串口四类型设置。进入F17界面，设置串口四类型，本机设置为IC卡。

第十九步：串口四方向设置。进入F18界面，设置串口四方向，本机设置为出口。

第二十步：系统功能设置。进入F19界面，设置系统功能，包括停止取消、功能测试、老化测试、参数初始化和指针初始化。此功能主要用于设备出厂调试，使用时无须设置。

第二十一步：脱机开卡设置。进入F20界面，可进行脱机开卡设置，包括停止取消、正常卡、常开卡和开关卡。此功能用于非在线卡的添加，建议谨慎使用。

3）脱机开卡说明

脱机开卡的卡片凭证只能在设备脱机时使用，建议谨慎使用。

第一步：进入到F20脱机开卡界面。

第二步：再按1次设置键进入停止取消选项，按下翻键选择卡类型选项后，再按1次设置键进入脱机开卡模式。

第三步：拿空白卡到闸机刷卡区刷卡（可连续开卡），语音提示"开卡成功"即可。

第四步：长按3 s设置键放开，退出脱机开卡模式。

说明：（1）正常卡：与门禁卡功能相同，刷卡后通道闸打开，通过后自动关闭。

（2）常开卡：刷卡后通道闸打开并一直保持开启状态，再刷一次后关闭。

（3）开关卡：刷卡后通道闸锁死在当前状态，正常卡失效，常开卡有效。

5. 实训报告

（1）实训项目名称。

（2）实训目的。

（3）实训要求和完成时间。

（4）实训设备名称、型号，至少应该包括实训设备、实训工具、实训材料的名称和规格型号。

（5）实训操作步骤和具体要点，给出主要操作步骤的技能要点描述和实操照片，包括完成作品的照片，至少有1张本人出镜的照片。

（6）实训收获，必须清楚描述本人已经完成的实训工作量，已经掌握的实践技能和熟练程度。

实训项目 12　数据库软件配置与安装实训

1. 实训目的

掌握数据库软件的配置与安装方法。

2. 实训要求

数据库软件安装设置正确。

3. 实训设备和操作要点

（1）实训设备：西元小区出入控制道闸系统实训装置，型号KYZNH-71-4。

（2）操作要点：按实训内容正确完成数据库软件的配置与安装。

4. 实训步骤

第一步：Win7系统选择本地磁盘（E）→出入口软件→SQL Server 2000中文正式安装版→X86→SETUP文件，右击SETUPSQL→"以管理员身份运行"命令，出现如图6-8所示。

图 6-8　启动软件

第二步：单击"下一步"按钮，弹出"计算机名"对话框，如图6-9所示。

第三步：选择"本地计算机"单选按钮后单击"下一步"按钮，出现"安装选择"对话框，如图6-10所示。

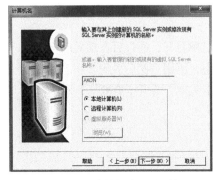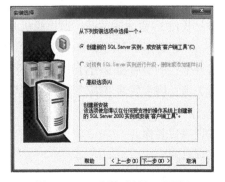

图 6-9　"计算机名"对话框　　　　图 6-10　"安装选择"对话框

第四步：单击"下一步"按钮，出现"用户信息"对话框，如图6-11所示。

第五步：输入用户姓名和公司名称后单击"下一步"按钮，出现"软件许可证协议"对话框，如图6-12所示。

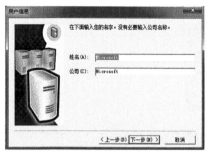

图6-11　"用户信息"对话框

图6-12　"软件许可证协议"对话框

第六步：单击"是"按钮，出现"安装定义"对话框，如图6-13所示。

第七步：选择"服务器和客户端工具"单选按钮后单击"下一步"按钮，出现"实例名"对话框，如图6-14所示。

图6-13　"安装定义"对话框

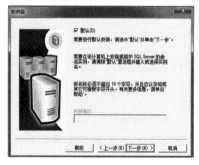

图6-14　"实例名"对话框

第八步：选择"默认"复选框，单击"下一步"按钮，出现"安装类型"对话框，如图6-15所示。

第九步：选择系统默认选项典型安装，系统默认的安装位置在C盘，如果希望改变系统的安装位置，可单击"浏览"按钮，选择系统的安装位置。选择好后单击"下一步"按钮，出现"服务账户"对话框，如图6-16所示。

图6-15　"安装类型"对话框

图6-16　"服务账户"对话框

第十步：选择"使用本地系统账户"单选按钮，单击"下一步"按钮，出现"身份验证模式"对话框，如图6-17所示。

第十一步：选择"混合模式（Windows身份验证和SQL Server身份验证）"单选按钮，并选中"空密码"复选框，单击"下一步"按钮，出现"开始复制文件"对话框，如图6-18所示。

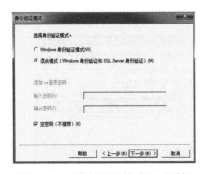 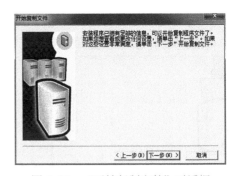

图 6-17　"身份验证模式"对话框　　　　图 6-18　"开始复制文件"对话框

第十二步：单击"下一步"按钮，则系统开始安装进程，直至系统安装成功，如图6-19所示。

第十三步：打开SQL Server服务管理器，开始运行数据库，如图6-20所示。

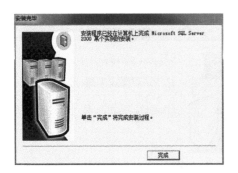 

图 6-19　数据库安装成功　　　　　　图 6-20　运行数据库

5. 实训报告

（1）实训项目名称。

（2）实训目的。

（3）实训要求和完成时间。

（4）实训设备名称、型号，实训软件名称、版本等。

（5）实训操作步骤和具体要点，给出主要操作步骤的技能要点描述和实操截屏照片。

（6）实训收获，必须清楚描述本人已经完成的实训工作量，已经掌握的实践技能和熟练程度。

单元 7

出入口控制系统工程管理

工程项目管理的能力和水平、方法与措施直接决定项目质量、成本、工期和安全，主要包括质量管理、进度管理、成本管理、安全管理、信息管理等，也涉及大量的工作表格和文件。本单元汇集了作者几十年大型复杂工程管理的实战经验，由于当前行业极度缺乏懂技术会管理的项目经理，建议将本单元作为教学重点。

学习目标：

- 掌握出入口控制系统工程项目管理内容和主要措施与方法。
- 熟悉出入口控制系统工程常用的工作表格和文件。

在工程施工阶段推行以动态控制为主、事前控制为辅的管理办法，对工程项目的重点部位、关键工序等进行动态控制。为成功实施工程项目，必须对施工项目进行目标控制，主要从质量、进度、成本、安全、项目信息等几个方面来进行控制管理。

7.1 质量管理

施工质量控制是工程建设质量管理的最重要一环，影响质量控制的因素主要有"人、机械、材料、方法和环境"等五大方面，也简称为"人机料法环"，因此，对这五方面因素严格控制，是保证工程质量的关键。为加强对施工项目的质量管理，明确项目各施工阶段质量控制的重点，可把项目质量分为事前控制、事中控制和事后控制三个阶段。

1. 事前质量控制

事前质量控制指在工程项目正式施工前的质量控制，其控制的重点是做好施工前的各项审查工作。

（1）对各组织人员进行审查，确保合适的人干合适的事，"好钢用在刀刃上"。如监理单位作为工程的质量监督者，应做到持证上岗且懂技术、懂管理，还需有一定的工程经验；施工单位是施工质量的直接实施者，选择一个优秀的项目经理和施工队伍至关重要。

（2）对工程机械、材料进行审查，合格的机械、材料是保证工程质量的基础。在人员、设备、组织管理、检测程序等各个环节上加强管理，明确对机械、材料的质量管理标准和要求。如未经检验的材料绝对不允许用于工程，质量不达标的材料立即清退出场；重要的施工机械设备应定期提供性能测试报告。

（3）对施工方法、工艺进行审查，正确合理的施工方法是保证工程质量的关键。索取设计图纸、参与设计图纸会审、进行工程路由复测，如发现设计与施工现场有差距，应及时提出设计变更，并取得建设单位及监理单位的认可等。

（4）对施工环境进行审查，确保施工现场的环境具备开工条件。如水、电等基本施工条件，机械、材料的进场等。

2. 事中质量控制

事中质量控制指施工过程中进行的质量控制，需要全面控制施工过程，重点控制工序质量。具体的措施包括：工序交接有检查，质量预控有对策，施工项目有方案，技术措施有交底，图纸会审有记录，配置材料有试验，隐蔽工程有验收，设计变更有手续，质量处理有复查，成品保护有措施，质量文件有档案等。

3. 事后质量控制

事后质量控制指完成施工形成的产品质量控制，其主要过程内容包括：成立验收小组，组织自检和初步验收；确认并准备竣工验收材料；按规定的质量评定标准对完成的工程进行质量评定；组织竣工验收等。当分项、分部工程或单项工程施工完毕后，应及时按相应的施工质量标准和方法，对其质量进行验收。通过事后验收对施工中存在的质量缺陷或隐患，及时停工整改，既能保证工程质量又不影响工程进度。

7.2 进度管理

项目的进度管理通常采用PDCA循环方式，也就是计划、实施、检查和总结四个过程的不断循环，通过对人力资源和物力投入的不断调整，以保证进度和计划不发生偏差，达到按计划实现进度目标的过程。施工进度控制的关键就是编制施工进度计划，根据工程规模，合理规划、调整各阶段的工序和时间。施工进度协调管理的重要环节如下：

（1）根据施工合同确定的开工日期、工期和竣工日期确定施工进度目标，结合具体工程项目的特点和工程经验，制定可行的施工进度计划；确定劳动力、材料进度计划；根据工程复测，及时取得工程实施相关手续，避免停工。

（2）跟踪进度计划的实施并进行监督，当发现受到干扰时，应及时、灵活地做好工程调度、材料调度工作，保证工程按照施工进度计划实施。

（3）加强工程现场管理，做好现场工程调度，尽量避免窝工的情况。落实控制进度措施应具体到执行人，包括进度目标、任务、方法等。

（4）施工进度计划检查应采取日检查或定期检查的方式进行，在保证工程质量的前提下，进行偏差分析，合理调整施工进度计划，包括施工内容、工程量、施工时间等。

（5）及时调整进度计划，施工过程中需要不断地沟通和协调，当其他工程的节点计划发生改变时，工程的基准计划也应作出相应的调整。

（6）当总工期要求缩短时，在关键路径的施工中，应加强人力和物力投入，重点保证关键路径的任务计划，其他工种协同作战，以确保工程进度。

7.3　成 本 管 理

1.　成本控制管理内容

1）施工前计划

（1）做好项目成本计划。

（2）组织签订合理的工程合同与材料合同。

（3）制订合理可行的施工方案。

2）施工过程中的控制

（1）降低材料成本，实行三级收料及限额领料，合理利用材料。

（2）组织材料合理进出场，节约现场管理费。

3）工程总结分析

（1）根据项目部制定的考核制度，体现奖优罚劣的原则。

（2）竣工验收阶段要着重做好工程的扫尾工作。

2.　基本原则

项目成本管理是在保证满足工程质量、工期等要求的前提下，对项目实施过程中所发生的费用，通过计划、组织、控制和协调等实现预定的成本目标，并尽可能地降低成本费用的一种管理活动。成本控制的对象是工程项目，目的是合理使用人力、物力、财力，降低成本，增加收益。因此针对出入口控制系统的施工特点，成本管理应重点掌握以下原则：

（1）节约原则。节约是项目施工所用人力、物力和财力的节省，是成本控制的基本原则。节约不是消极的限制和监督，而是积极的创造条件，着眼于成本的事前监督、工程控制，以优化施工方案，从提高项目的科学管理水平入手达到节约的目的。

（2）人员控制。应充分调动相关人员关心成本、控制成本的积极性，阐明成本控制的好坏会影响到个人的收入，树立人员控制成本的观念。如积极鼓励员工"合理化建议"活动的开展，提高施工人员的技术素质，尽可能地节约材料和人工，降低工程成本。

（3）全过程成本控制。成本的控制工作，要伴随项目施工的每一个阶段，按照设计要求和施工规范施工，充分利用现有资源，减少施工成本支出。如加强技术交流，推广先进的施工方法，积极采用先进科学的施工方案，提高施工技术等。

（4）动态管理控制。科学合理动态安排施工程序，不断调节劳动力、机具、材料的综合平衡，向管理要效益。平时施工现场由1~2人巡视了解施工进度和现场情况，做到有计划性和预见性，预埋条件具备时，应采取见缝插针、集中人力预埋的办法，节省人力物力。

（5）避免窝工。做好进度计划、材料计划、人工配置计划，及时协调好各工序的关系，避免窝工现象。

穿线阶段窝工的主要原因包括管道疏通、线缆供应。解决办法主要包括项目负责人应在穿线施工前安排好管路疏通和线缆的准备工作。

接线阶段窝工的主要原因包括粗心接错线、返工。解决办法为尽量安排细心的熟练技工进行。

调试、安装阶段窝工的主要原因包括技术不熟练。解决办法为尽量安排一名技术丰富的调试工程师现场指导。

（6）寻找有效途径。从组织、技术、经济、合同管理等多个方面去寻找发现有效的成本控制途径，达到整个项目的成本控制目标。如加强材料的管理工作，做到不错发、领错材料，不遗失材料，施工班组要合理使用材料，做到材料精用；对技术方案进行经济论证，采用新材料、新技术、新工艺节约成本。

7.4　安　全　管　理

施工现场安全是工程管理的重要内容，项目现场负责人应在所有施工人员入场前进行安全教育，在施工过程中严格督查。

1. 施工现场防火

施工现场应实行逐级防火责任制，施工单位应明确一名施工现场负责人为防火负责人，全面负责施工现场的消防安全管理工作，根据工程规模配备消防员和义务消防员。

临时使用的仓库应符合防火要求。在施工作业使用电焊、气割、砂轮锯等时，必须有专人看管。施工材料的存放、保管应符合防火安全要求。易燃品必须专库存储，尽可能采取随用随进，专人保管、发放、回收。

熟悉施工现场的消防器材，施工现场严禁吸烟。电气设备、电动工具不准超负荷运行，线路接头要结实、接牢，防止设备线路过热或打火短路。现场材料堆放不宜过多，堆垛之间保持一定防火间距。

2. 施工现场用电安全

施工现场临时用电多，电气设备和电动工具多，必须非常重视安全用电，项目经理必须对全员进行安全教育，保证安全用电。主要包括以下内容：

（1）临时用电作业的安全控制措施应在《施工组织设计》中予以明确。

（2）施工人员进入施工现场后，应进行安全教育，强调用电安全知识。

（3）施工现场需要临时用电时，操作人员应检查临时供电设施、电动机械与手持电动工具是否完好，是否符合规定要求，安装漏电保护装置，注意防止过压、过流、过载及触电等情况发生。接通电源之前，应设警示标志，临时用电结束后，立即做好恢复工作。

（4）禁止任何人员带电作业。

（5）在涉及 36 V 以上电气布线和安装时，或者临近电力线施工作业时，应视为电力线带电，操作人员必须戴安全帽，穿绝缘鞋，戴绝缘手套，并且随时与电力线，尤其是高压电力线保持安全距离。在交流配电箱、列柜及其他带电设备附近作业时，操作人员应有保护措施，所用工具应做绝缘处理，严格操作规程，保持集中精力。

3. 防跌落、防摔、防击打

进入施工现场，施工人员应佩戴安全帽。进行高空作业、乘坐升降机或步行时，应注意四周与地面障碍物以及其他危险源，防止碰伤、砸伤、摔伤。

一般不同的工种会分发佩戴不同颜色的安全帽，方便人员区分和管理，如表 7-1 所示。

表 7-1　不同工种的安全帽颜色

序号	工种	安全帽颜色
1	管理人员	红色

续表

序号	工种	安全帽颜色
2	安全管理人员	白色
3	作业人员	黄色
4	特种作业人员	蓝色

如图7-1所示为常见的安全施工宣传图。

图 7-1　安全施工宣传图

4. 防止机械伤害

在使用电动工具时，防止冲击钻、切割机等对人体的伤害。

7.5　项目信息管理

项目信息是工程项目管理的重要内容之一，项目信息包括以下内容：

（1）项目基本信息：包括合同、施工图、预算与工程量清单、开工日期、竣工日期、质量保证起始日期和终止日期。合同中应明确建设单位、施工单位、合同范围、付款结算方式、技术要求、合同违约处理方式等。

（2）施工过程各类文件和记录：开工报告、竣工报告、试运行记录、移交清单、变更签证、质量验收记录（包含材料进场检验单、隐蔽工程验收单、子分项工程验收单、主要功能性能检验验收单等），施工组织计划、技术文件（包含设备使用说明书、系统设置说明书、关键工艺技术说明文件）、维保协议等。

（3）工程进度与结算文件：工程量报验审批单、变更签证审批单、付款申请单、收付款记录、工程量决算单。

（4）施工日志：记录每日进度与协调重要事项。

认真做好技术资料和文档工作，对各类设计图纸资料仔细保存，对各道工序的工作认真做好记录和文字资料，完工后整理出整个系统的文档资料，为今后的应用和维护工作打下良好的基础。重要的记录必须保留一份原件并存档至合理规定的年限。

提交监理单位和建设单位审批的各种文件，按照建设方要求的格式填报，通常会选择市级或省级标准建筑安装工程规范的报验单。

7.6 工程各类报表

1. 施工进度日志

施工进度日志由现场工程师每日随工程进度填写施工中需要记录的事项，具体表格样式如表7-2所示。

表7-2 施工进度日志

组别：		人数：	负责人：		日期：
工程进度计划：					
工程实际进度：					
工程情况记录：					
时间	方位、编号	处理情况		尚待处理情况	备注

2. 施工人员签到表

每日进场施工的人员必须签到，签到按先后顺序，每人须亲笔签名，签到的目的是明确施工的责任人。签到表由现场项目工程师负责落实，并保留存档，具体表格样式如表7-3所示。

表7-3 施工责任人签到表

项目名称：			项目工程师：			
日期	姓名1	姓名2	姓名3	姓名4	姓名5	姓名6	姓名7

3. 施工事故报告单

施工过程中无论出现何种事故，都应由项目负责人将初步情况填报"事故报告"，具体格式如表7-4所示。

表7-4 施工事故报告单

填报单位：		项目工程师：	
工程名称：		设计单位：	
地点：		施工单位：	
事故发生时间：		报出时间：	
事故情况及主要原因：			

4. 工程开工报告

工程开工前，由项目工程师负责填写开工报告，待有关部门正式批准后方可开工，正式开工后该报告由施工管理员负责保存待查，具体报告格式如表7-5所示。

表7-5　工程开工报告

工程名称：		工程地点：	
用户单位：		施工单位：	
计划开工：	年　月　日	计划竣工：	年　月　日
工程主要内容：			
工程主要情况：			
主抄： 抄送： 报告日期：	施工单位意见： 签名： 日期：		建设单位意见： 签名： 日期：

5. 施工报停表

在工程实施过程中可能会受到其他施工单位的影响，或者由于用户单位提供的施工场地和条件及其他原因造成施工无法进行。为了明确工期延误的责任，应该及时填写施工报停表，在有关部门批复后将该表存档，具体施工报停表样式如表7-6所示。

表7-6　施工报停表

工程名称：		工程地点：	
建设单位：		施工单位：	
停工日期：	年　月　日	计划复工：	年　月　日
工程停工主要原因：			
计划采取的措施和建议：			
停工造成的损失和影响：			
主抄： 抄送： 报告日期：	施工单位意见： 签名： 日期：		建设单位意见： 签名： 日期：

6. 工程领料单

项目工程师根据现场施工进度情况安排材料发放工作，具体的领料情况必须有单据存档，具体格式如表7-7所示。

表7-7　工程领料单

工程名称		领料单位			
批料人		领料日期	年　月　日		
序号	材料名称	材料编号	单位	数量	备注

7. 工程设计变更单

工程设计经过用户认可后，施工单位无权单方面改变设计。工程施工过程中如确实需要对原设计进行修改，必须由施工单位和用户主管部门协商解决，对局部改动必须填报"工程设计变更单"，经审批后方可施工，具体格式如表7-8所示。

表7-8　工程设计变更单

工程名称		原图名称	
设计单位		原图编号	
原设计规定的内容：		变更后的工作内容：	
变更原因说明：		批准单位及文号：	
原工程量		现工程量	
原材料数		现材料数	
补充图纸编号		日　期	年　月　日

8. 工程协调会议纪要

工程协调会议纪要格式如表7-9所示。

表7-9　工程协调会议纪要

日期：			
工程名称		建设地点	
主持单位		施工单位	
参加协调单位：			
工程主要协调内容：			
工程协调会议决定：			
仍需协调的遗留问题：			
参加会议代表签字：			

9. 隐蔽工程阶段性合格验收报告

隐蔽工程阶段性合格验收报告格式如表7-10所示。

表7-10　隐蔽工程阶段性合格验收报告

工程名称		工程地点	
建设单位		施工单位	
计划开工	年　月　日	实际开工	年　月　日
计划竣工	年　月　日	实际竣工	年　月　日
隐蔽工程完成情况：			
提前或推迟竣工的原因：			
工程中出现和遗留的问题：			
主抄： 抄送： 报告日期：	施工单位意见： 签名： 日期：		建设单位意见： 签名： 日期：

10. 工程验收申请

施工单位按照施工合同完成了施工任务后，会向用户单位申请工程验收，待用户主管部门答复后组织安排验收，具体申请表格式如表7-11所示。

表7-11　工程验收申请

工程名称			工程地点	
建设单位			施工单位	
计划开工	年　月　日		实际开工	年　月　日
计划竣工	年　月　日		实际竣工	年　月　日
工程完成主要内容：				
提前或推迟竣工的原因：				
工程中出现和遗留的问题：				
主抄： 抄送： 报告日期：	施工单位意见： 签名： 日期：			建设单位意见： 签名： 日期：

典型案例9　智能门锁

随着科技的不断发展与进步，在人工智能与物联网的助力下，智能化城市、智能化社区、智能化家居快速发展，人们的生活变得越来越便捷和智能，智能产品无处不在。智能门锁的出现，很大程度上解决了机械门锁的弊端，使人们摆脱了对钥匙的依赖，提高了便捷性和安全性。

1. 产品概述

智能门锁是区别于传统机械锁的复合型锁具，它将集成电路设计、电子技术与多种创新的识别技术相结合，在安全性、用户识别、管理方面更加智能化。根据结构特点可分为单机型智能门锁和联网型智能门锁，二者的区别在于是否能够与远程终端进行开锁信息在线交互。

目前，智能门锁的开门方式主要有感应卡、密码、生物识别、无线传输等，几种方式可单独使用，也可集成在一个门锁中同时使用。例如，酒店的门锁采用刷感应卡的开门方式，办公室采用指纹和密码结合的方式实现门禁功能，家用门锁一般使用集成多种方式的智能门锁，如图7-2所示。

酒店门锁（刷感应卡）　办公室门锁（指纹+密码）　家用门锁（感应卡+密码+指纹）　家用门锁（人脸+感应卡）

图7-2　常见的智能门锁及应用

智能门锁具有以下特点：

（1）方便与快捷：智能门锁不再使用传统钥匙，而是使用指纹、密码等方式开锁，避免了保管、丢失、寻找钥匙的麻烦。

（2）安全性：智能门锁采用的是高强度物理结构与电子科技相结合的新一代锁芯，传统的开锁技术无法打开；智能门锁的"警觉"度非常高，无论是有人撬锁，还是恶意尝试密码输入都可能被认为是坏人，从而第一时间报警。

（3）自动上锁等人性化功能：智能门锁的人性化功能使人为犯错的机率降到最低，比如忘记关门、没有锁门等问题都将不会再发生。

2. 发展现状

智能门锁与传统门锁相比，安全性和便捷性更高，也已逐渐被消费者接受，但根据有关部门调研发现，智能门锁在国内市场上的使用率不超过5%。分析这种结果，我们能够发现，尽管智能门锁优点很多，但仍然存在一些问题。

（1）应急锁芯的防盗性能不高。应急性能是智能门锁的标准之一，大多数智能门锁为了应急需要，在锁具最不起眼的位置安装了一个锁芯，为了美观甚至拿盖子盖起来。有些厂家为了降低成本提高竞争力，使用品质差、防盗性能非常低的锁芯，使得即使没什么开锁经验的人都可轻松地打开，有时需要启用应急处理的时候，却找不到锁芯的位置，应急功能形同虚设；有些厂家干脆不设应急锁芯，这种做法非常可怕，在出现紧急情况时，后果将不堪设想。

（2）锁具结构的防破坏性开启性能差。现行的大部分智能门锁（包括部分的机械锁）没有二次加锁设计，不设保护装置，只要用普通的工具稍加破坏，锁芯就会损坏。

（3）网络及电子信息的加解密水平存在疑问。纵观目前市场上的大部分智能门锁产品，由于高水平的加密系统从成本到技术要求都很高，因此厂家更多地把心思放在使用功能的智能化上，而对产品不做或只做较普通的加密保护，很容易被破解。

3. 未来改进方向

针对智能门锁存在的几个主要问题，未来可以从以下几个方面进行改进：

1）提高产品质量

质量是产品的核心，包括产品安全性、耐用性和稳定性。应在现有的技术条件下提升产品的整体安全，其中最重要的是IC卡更换为CPU卡，指纹校验、密码校验、远程传输等方式加入密钥进行加密校验和安全传输等，提升产品整体防攻击能力。

2）创新产品性能

智能门锁未来一定是物联网产品，应从物联网智能家居产品角度着手研究，创新出智能门锁除解锁外的新价值，形成技术堡垒，增强产品核心竞争力。

3）提高口碑，建立品牌效应

智能门锁的负面消息拖垮了消费者的购买信心，整个行业需要稳定市场，重振口碑，通过自检、外检等方式验证产品质量，建立行业品牌。

4）严格遵守国家标准、行业标准

智能门锁行业已发布实施了JG/T 394—2012《建筑智能门锁通用技术要求》、GA 374—2019《电子防盗锁》等标准。未来智能门锁的发展和创新应严格参照标准规定，提高设计、研发、生产过程中的规范性，保证产品质量安全。

典型案例 10　出入口控制系统在突发公共卫生事件中的作用

突发公共卫生事件，是指突然发生，造成或者可能造成社会公众健康严重损害的重大传染病疫情、群体性不明原因疾病、重大食物和职业中毒以及其他严重影响公众健康的事件。当发生突发公共卫生事件时，出入口控制系统在加强出入口人员管理，避免污染源的进入，发挥着非常重要的作用。

1. 实名登记，方便追溯

出入口控制系统可以实名记录进出人员信息，支持疫情防控筛查、隔离管理工作。小区、工业园区、办公楼等人流量较大的场所，通过出入口控制系统可严格控制人员的出入，在出入口进行信息认证，助力疫情的有效防控。通过出入口控制系统可记录人员的出行情况，同时进行数据分析，如当该区域发现患者或者疑似患者时，可对其此前时间内的访客、区域内出行轨迹等有效信息进行智能分析，提供有效的数据支持。如图7-3所示为出入口控制系统人员实名登记界面，可包括姓名、性别、人脸、卡号、指纹信息等。图7-4所示为查询条件下详细的人员出入记录。

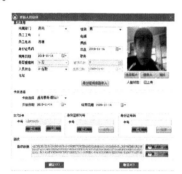

图7-3　人员实名信息登记　　　　　图7-4　出入记录查询

2. 管控人员，控制风险

人员的管控是控制疫情的关键，最大限度地减少人员的流动，防止外来人员的随意出入是控制疫情扩散的有效途径。出入口控制系统可通过进出双向控制、多重控制、出入次数控制、出入日期/时间控制等技术手段，结合人员监督，对该区域的人员进行管控，例如，多出口小区关闭大部分出入口，只留1～2个出入口进行人员管控，如图7-5所示。出入口控制系统同时能够精准识别用户，拒绝外来人员，最大限度地防止疫情的扩散。

3. 减少人员接触感染风险

传统的访客登记，需要门卫对访客身份进行登记，效率慢，同时存在接触感染的风险。而采用出入口控制系统访客管理功能，访客只需自主登记上传个人信息即可。同时出入口控制系统可采用非接触智能卡、语音/人脸识别等非接触式识别方式，避免接触感染，确保人员的人身安全。如图7-6所示为无接触式人脸识别方式。

4. 配备疫情检测技术，及时发现可疑人员

出入口控制系统在设备上可配备体温检测模块或设备，如测温检测安全门、人脸识别体温检测终端、热成像技术等，及时发现体温异常的人员，避免交叉感染的风险、超级传播者（把病毒传染给十人以上的病人）的出现等。特别是在一些人流量比较大的场合，如高铁、地铁等，通过现场工作人员的人工检测，效率慢且容易形成拥堵，而配备疫情检测设备，可以提高检测效率，解决进出口拥堵，降低人员感染的风险。如图7-7所示为常见的体温检测设备和技术。

出入口控制系统可对进出人员、访客进行有效的管理和追踪，不仅可以在疫情期间对人员进行检测和管理，对人员安全管理也是必不可少，出入口控制系统的广泛应用和门禁系统的升级改造势在必行。

图 7-5　人员管控

图 7-6　人脸识别

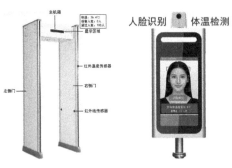

图 7-7　常见的体温检测设备和技术

习　　题

1. 填空题（10题，每题2分，合计20分）

（1）工程项目管理的能力和水平、方法与措施直接决定项目质量、成本、工期和安全，主要包括_____、进度管理、成本管理、_____、信息管理等。（参考章首语）

（2）为加强对施工项目的质量管理，明确项目各施工阶段质量控制的重点，可把项目质量分为事前控制、_____和事后控制三个阶段。（参考7.1知识点）

（3）事中质量控制指施工过程中进行的质量控制，需要全面控制施工过程，重点控制_____。（参考7.1知识点）

（4）项目的进度管理通常采用PDCA循环方式，也就是_____、实施、_____和总结四个过程的不断循环。（参考7.2知识点）

（5）施工进度计划检查应采取日检查或_____的方式进行。（参考7.2知识点）

（6）成本控制的对象是_____，目的是合理使用_____、物力、财力，降低成本，增加收益。（参考7.3知识点）

（7）施工现场安全是工程管理的重要内容，项目现场负责人应在所有施工人员入场前进行_____，在施工过程中严格督查。（参考7.4知识点）

（8）在涉及36 V以上电气布线和安装时，或者临近电力线施工作业时，应视为电力线_____，操作人员必须戴安全帽，穿绝缘鞋，戴_____，并且随时与电力线，尤其是高压电力线保持安全距离。（参考7.4知识点）

（9）项目信息的一些重要的记录必须保留_____并存档至合理规定的年限。（参考7.5知识点）

（10）每日进场施工的人员必须_____，签到按先后顺序，每人须亲笔签名，签到的目的

是明确_____。（参考7.6知识点）

2. 选择题（10题，每题3分，合计30分）

（1）影响质量控制的因素主要有"人、机械、（   ）、（   ）和环境"等五大方面。（参考7.1知识点）

  A. 图纸审核   B. 材料   C. 方法   D. 温度

（2）施工进度控制关键就是编制施工进度计划，根据工程规模，合理规划、调整各阶段前后作业的（   ）。（参考7.2知识点）

  A. 人员和设备 B. 人员和顺序 C. 工序和人员 D. 工序和时间

（3）（   ）是成本控制的基本原则。（参考7.3知识点）

  A. 节约原则   B. 人员控制   C. 全过程成本控制 D. 动态管理控制

（4）工程成本控制基本原则之一为人员控制，积极鼓励员工（   ）活动的开展，提高施工班组人员的（   ），尽可能地节约材料和人工，降低工程成本。（参考7.3知识点）

  A. "合理化建议" B. 遵守考勤制度 C. 技术素质 D. 数量

（5）安全管理中，应加强（   ）的安全督查。（参考7.4知识点）

  A. 施工现场防火   B. 施工现场用电安全

  C. 防跌落、防摔、防击打   D. 防止机械伤害

（6）质量验收记录包括（   ）。（参考7.5知识点）

  A. 材料进场检验单   B. 隐蔽工程验收单

  C. 子分项工程验收单   D. 主要功能性能检验验收单

（7）施工进度日志由（   ）每日随工程进度填写施工中需要（   ）的事项。（参考7.6知识点）

  A. 安装技工   B. 现场工程师 C. 工序和时间 D. 记录

（8）工程开工报告，在工程开工前，由项目工程师负责填写开工报告，待有关部门正式（   ）后方可开工，正式开工后该报告由施工管理员负责（   ）待查。（参考7.6知识点）

  A. 批准   B. 立项   C. 编制   D. 保存

（9）请填写表7-12工程开工报告中，预留（   ）内的内容。（参考7.6知识点）

表7-12　工程开工报告

工程名称			工程地点	
用户单位			（ ）	
（ ）	年　月　日		计划竣工	年　月　日
工程主要（ ）：				
工程主要情况：				
主抄： 抄送： 报告日期：	施工单位意见： 签名： 日期：		（ ）单位意见： 签名： 日期：	

  A. 计划开工 B. 建设   C. 施工单位 D. 内容

（10）施工单位按照施工合同（   ）了施工任务后，向用户单位申请（   ），待用户主管部门答复后组织安排验收。（参考7.6知识点）

  A. 完成   B. 接受   C. 工程验收 D. 竣工

3. 简答题（5题，每题10分，合计50分）

（1）质量控制一般分为哪三个阶段？（参考7.1知识点）

（2）出入口控制系统工程中哪些阶段易产生窝工现象，产生窝工的主要原因有哪些？如何解决？（参考7.3知识点）

（3）简述项目信息管理主要内容。（参考7.5知识点）

（4）请列出出入口控制系统工程常用的各类报表（参考7.6知识点）

（5）请以学校出入口控制系统工程为例，按照表7-13模板，填写工程验收申请。（参考7.6知识点）

表7-13　工程验收申请

工程名称		工程地点	
建设单位		施工单位	
计划开工	年　月　日	实际开工	年　月　日
计划竣工	年　月　日	实际竣工	年　月　日
工程完成主要内容：			
提前或推迟竣工的原因：			
工程中出现和遗留的问题：			
主抄： 抄送： 报告日期：	施工单位意见： 签名： 日期：		建设单位意见： 签名： 日期：

实训项目13　道闸调试软件设置实训

1. 实训目的

掌握道闸调试软件的设置方法。

2. 实训要求

（1）道闸调试软件使用正确。

（2）网络参数设置正确。

3. 实训设备和操作要点

（1）实训设备：西元小区出入控制道闸系统实训装置，型号KYZNH-71-4。

（2）操作要点：按实训内容正确完成道闸调试软件的设置。

4. 实训步骤

第一步：安装好数据库后关闭防火墙。

第二步：打开调试助手 单击获取设备，如未能获取到设备，则查看计算机IP地址有没有与闸机在同一个网段，如图7-8所示。

第三步：获取设备后单击获取的闸机，右击选择"网络参数设置"命令，如图7-9所示。

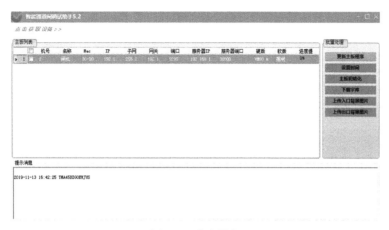

图 7-8　获取设备

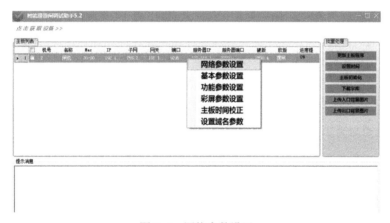

图 7-9　网络参数设置

第四步：把服务器IP改成计算机的IP，确认闸机的IP不冲突，如图7-10所示。

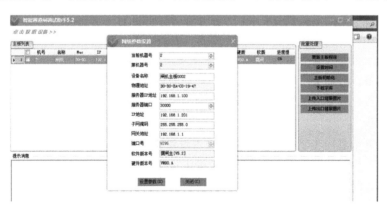

图 7-10　修改服务器、闸机 IP 地址

其他功能：选择获取的闸机并右击，还可以进行基本参数设置、功能参数设置、彩屏参数设置等操作，如图7-11所示。

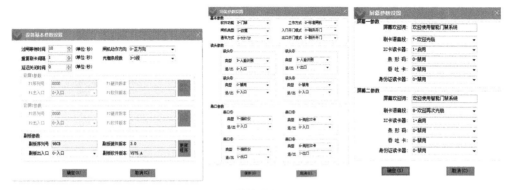

图 7-11 其他功能设置界面

注意：界面右边的批量处理部分禁止修改。

5. 实训报告

（1）实训项目名称。

（2）实训目的。

（3）实训要求和完成时间。

（4）实训设备名称、型号，实训软件名称、版本等。

（5）实训操作步骤和具体要点，给出主要操作步骤的技能要点描述和实操截屏照片。

（6）实训收获，必须清楚描述本人已经完成的实训工作量，已经掌握的实践技能和熟练程度。

实训项目 14　信息同步软件设置实训

1. 实训目的

掌握道闸系统信息同步软件的调试方法。

2. 实训要求

信息同步软件调试设置正确。

3. 实训设备和操作要点

（1）实训设备：西元小区出入控制道闸系统实训装置，型号KYZNH-71-4。

（2）操作要点：按实训内容正确完成信息同步软件的设置。

4. 实训步骤

第一步：打开信息同步软件 ⊞ ，把"输入服务器名称"文本框改成数据库的服务器名字，然后单击"安装"按钮，提示成功后再单击"确定"按钮，如图 7-12 所示。

第二步：进入同步服务主界面，单击"设备管理"选项卡进行设备的添加，如图 7-13 所示。

第三步：选择刷新出的在线设备，确认设备信息，单击"确定"按钮添加设备，如图 7-14 所示。

第四步：打开"参数设置"对话框，根据系统实际配置，选择参数设置里面的"启用指纹功能""启用人脸识别功能"等选项，指纹比对方式选择指纹设备比对，人脸机型号选择"HPT动态人脸识别机"，如图 7-15 所示。

第五步：单击"人脸设备"→"添加设备"选项，逐个输入动态识别人脸机的IP和密码信息，单击"确定"按钮完成人脸机设备的添加，如图7-16所示。（密码为12345678）。

图 7-12　附加数据库服务器

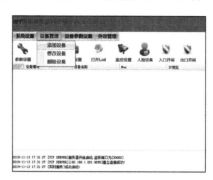

图 7-13　添加设备

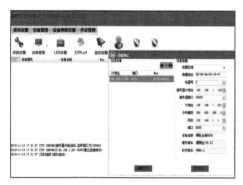

图 7-14　添加在线设备

图 7-15　参数设置

图 7-16　添加人脸机设备

第六步：单击入口开闸、出口开闸，可实现手动远程开闸操作。

其他功能：

（1）设备参数设置：实现基本参数设置、时间校正、设备时间参数设置、设备背景图片设置、上传人员照片、记录参数设置、远程控制的功能。

（2）LED设置：可以进行添加、编辑、删除控制卡操作，为系统增加LED显示功能。

（3）打开LCD：开启LCD显示功能，能够进行标题设置和入口摄像头、出口摄像头的设置。

（4）监控设置：实现摄像头管理和通道闸绑定功能。

5. 实训报告

（1）实训项目名称。

（2）实训目的。

（3）实训要求和完成时间。

（4）实训设备名称、型号，实训软件名称、版本等。

（5）实训操作步骤和具体要点，给出主要操作步骤的技能要点描述和实操截屏照片。

（6）实训收获，必须清楚描述本人已经完成的实训工作量，已经掌握的实践技能和熟练程度。

实训项目 15　道闸系统管理软件设置实训

1. 实训目的

掌握道闸系统管理软件的调试方法。

2. 实训要求

正确设置道闸系统管理软件。

3. 实训设备和操作要点

（1）实训设备：西元小区出入控制道闸系统实训装置，型号KYZNH-71-4。

（2）操作要点：按实训内容正确完成道闸系统管理软件的设置。

4. 实训步骤

1）系统配置

第一步：打开智能门禁管理系统软件 ，如图7-17所示，单击"数据库配置"链接。

第二步：输入计算机上已经安装的数据库服务器名称，单击"测试连接"按钮，提示连接成功后单击"保存"按钮，如图7-18所示。

图 7-17　打开智能门禁管理系统软件

图 7-18　连接数据库服务器

第三步：返回登录界面后，输入用户名、密码进行登录，用户名密码均为admin。

第四步：登录成功后进入智能门禁考勤管理系统，主要包括人事管理、考勤管理、系统设置三个功能模块，如图7-19所示。

图 7-19　智能门禁管理系统界面

2）人事管理

第一步：选择"部门设置"链接，可进行添加、修改、删除部门，根据需求设置即可，如图7-20所示。

第二步：选择"卡类设置"链接，可进行添加、修改、删除卡类，根据需求设置即可，如图7-21所示。

图7-20　部门设置

图7-21　卡类设置

第三步：选择"人员与卡证管理"链接，可添加、修改、删除人员及卡证的相关信息，如图7-22和图7-23所示。具体操作步骤可参照单元1中实训项目2的相关内容。

图7-22　人员与卡证管理

图7-23　设备权限管理

3）考勤管理

第一步：选择"考勤制度设置"链接，根据需求进行考勤规则的设置，包括基本设置、考勤计算、计算项目和周末设置，如图7-24所示。

第二步：选择"人员排班"链接，可进行时间段维护、班次管理、人员排班等设置，实现对人员的考勤管理，如图7-25所示。

图7-24　考勤制度设置

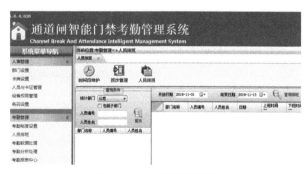

图7-25　人员排班设置

第三步：选择"考勤数据处理"链接，可对人员进行补签卡和请假处理的设置，如图7-26所示。

第四步：选择"考勤分析处理"链接，可对排班人员指定时间的考勤记录进行分析处理，如图7-27所示。

图 7-26　考勤数据处理

图 7-27　考勤分析处理

第五步：选择"考勤报表中心"链接，可查看相关人员的考勤记录表，包括原始打卡记录表、考勤明细表、个人考勤汇总表等，如图7-28所示。

图 7-28　考勤报表中心

4）系统设置

第一步：选择"用户管理"选项，可进行添加用户、修改用户信息、删除用户、用户权限管理等设置，如图7-29所示。

图 7-29　用户管理

第二步：选择"修改密码"选项，可设置修改登录密码，如图7-30所示。

图 7-30　修改密码

第三步：选择"操作日志"选项，可查询某个用户在某个时间段的操作内容，如图7-31所示。

图 7-31 操作日志

5. 实训报告

（1）实训项目名称。

（2）实训目的。

（3）实训要求和完成时间。

（4）实训设备名称、型号，实训软件名称、版本等。

（5）实训操作步骤和具体要点，给出主要操作步骤的技能要点描述和实操截屏照片。

（6）实训收获，必须清楚描述本人已经完成的实训工作量，已经掌握的实践技能和熟练程度。

习题参考答案

单元1　认识出入口控制系统

1. 填空题（10题，每题2分，合计20分）

（1）生物识别、执行机构　　　　　　　（2）识读部分、执行部分

（3）特征信息　　　　　　　　　　　　（4）卡识别、生物识别

（5）读取、识别　　　　　　　　　　　（6）线缆、设备

（7）管理和控制中心、控制主机　　　　（8）凭证识读、目标通过

（9）进出双向控制、出入次数控制　　　（10）物防、技防

2. 选择题（10题，每题3分，合计30分）

（1）ABCD　　　　（2）C　　　　　　（3）ACD　　　　（4）ABCD

（5）BC　　　　　（6）B　　　　　　（7）B　　　　　（8）C

（9）ABCD　　　　（10）ABCD

3. 简答题（5题，每题10分，合计50分）

（1）简述出入口控制系统的发展过程。（参考1.1.2知识点）

① 1994年RFID卡（射频卡）进入中国，研发了中国RFID卡的应用革命。

② 为适应RFID系统发展的需求，RFID卡经历了磁卡、接触式IC卡、非接触式ID卡、非接触式可读写IC卡的变革。

③ 为了适应高安全性的要求，出入口控制系统经历了密码识别、RFID卡识别、生物识别、新型技术识别等系统的变革。

④ 为了适应智慧社区、智能建筑的安防系统，出入口系统由单一的门禁功能，发展到门禁、考勤、消费、巡更、访客管理、电梯控制等综合性出入口控制系统。

⑤ 为了适应远距离感应的要求，国内出现了有源卡、微波卡等远距离感应系统。

（2）绘制出入口控制系统的逻辑构成，并对各部分做简要说明。（参考1.2.1知识点）

① 凭证。凭证又称特征载体，是指目标通过出入口时所要提供的特征信息和/或载体。

② 识读部分。识读部分是能够读取、识别并输出凭证信息的电子装置。

③ 传输部分。传输部分负责出入口控制系统信号的传输。

④ 管理/控制部分。管理/控制部分是出入口控制系统的管理和控制中心。

⑤ 执行部分。执行部分是执行出入口控制系统命令的装置。

（3）简述出入口控制系统的基本工作过程。（参考1.2.2知识点）

出入口控制的工作过程即是目标完成出、入道闸的过程，主要包括凭证授权、凭证识读、道闸开启、目标通过、道闸关闭等。

① 凭证授权。出入口管理人员需要将合法目标的凭证在出入口控制系统管理软件中进行录入，目标的相关信息确认无误并录入后，即可对该凭证进行授权。

② 凭证识读。当凭证进入识读范围时，识读装置便会识别采集凭证的相关信息，并将采集的信息发送给控制器。

③ 道闸开启。控制器接收识读装置发送来的信息，与自身已存储的合法信息进行对比，并做出判断和处理。当找到与之匹配的信息时，控制器控制电机运转，摆闸打开，允许目标通行。

④ 目标通行。目标通过通道区域，红外对射探测器实时感应目标经过通道的全过程，并保持摆闸处于开启状态，直至目标已经完全通过通道。

⑤ 道闸关闭。当目标完全通过通道后，红外对射探测装置向控制器发出关闸信号，控制器控制摆闸动作，关闭通道，目标通过道闸系统。

（4）简述出入口控制系统的特点。（参考1.3.1知识点）

① 设备结构多样。目前常见的结构有三辊闸、十字闸（转闸）、摆闸、翼闸等。

② 识别方式多样。目前出入口控制系统常见的识别方式有密码识别、射频卡识别、身份证识别、指纹识别、人脸识别、二维码识别等。

③ 应用领域广泛。广泛应用于社区、办公大楼、企业园区、车站、景区等场景中。

④ 功能扩展广泛。如人员考勤、安保巡更、人员身份核实、出入流量统计等。

（5）在生活中能看到哪些出入口控制系统？至少列出5种。

略，合理即可。

单元2　出入口控制系统常用器材与工具

1. 填空题（10题，每题2分，合计20分）

（1）射频收发器、射频技术　　　　　（2）指纹代码

（3）发送设备、接收设备　　　　　　（4）白橙、橙、白绿、蓝、白蓝、绿、白棕、棕

（5）分析、处理　　　　　　　　　　（6）光学式、生物射频式

（7）道闸调试软件、系统管理软件　　（8）发射端、接收端

（9）通行提示、警告提示　　　　　　（10）机身、拦挡

2. 选择题（10题，每题3分，合计30分）

（1）C　　　　　　（2）ABCD　　　　　（3）ABD　　　　　（4）B、D

（5）B　　　　　　（6）ABD　　　　　　（7）D　　　　　　（8）ABCD

（9）C　　　　　　（10）AD

3. 简答题（5题，每题10分，合计50分）

（1）简述RFID系统的基本工作过程。（参考2.1.1知识点）

① 识读器通过发射天线发送一定频率的射频信号，当射频卡进入发射天线工作区域时产生

感应电流，射频卡获得能量被启动。

②射频卡将自身编码等信息透过卡内天线发送出去。

③识读器接收天线接收到从射频卡发送来的载波信号，对信息进行解调和译码处理后，发送给管理/控制部分。

④管理/控制部分根据逻辑运算判断该卡的合法性，针对不同的设定做出相应的处理和控制，发出指令信号控制执行相应的动作。

（2）简述指纹识别技术的主要过程。（参考2.1.2知识点）

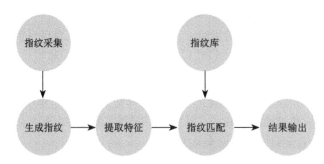

①指纹采集。通过指纹采集设备获取目标的指纹信息。

②生成指纹。指纹识别控制器对采集的指纹信息进行预处理，生成指纹图像。

③提取特征。从指纹图像中提取指纹识别所需的特征点。

④指纹匹配。将提取的指纹特征与数据库中保存的指纹特征进行匹配，判断是否为相同指纹。

⑤结果输出。完成指纹匹配处理后，输出指纹识别的处理结果。

（3）画出通信的基本模型，并简要说明各组成部分。（参考2.2.1知识点）

信源 → 发送设备 → 信道 → 接收设备 → 信宿

信源（信息源）把各种信息转换成原始电信号。

发送设备把原始信号转换为适合信道传输的电信号或光信号。

接收设备对受到减损的原始信号进行调整补偿，进行与发送设备相反的转换工作，恢复出原始信号。

信宿（受信者）把原始信号还原成相应信息。

信道是把来自发送设备的信号传送到接收设备的物理媒介。

（4）出入口控制系统一般包括哪些管理软件？简述其基本功能。（参考2.3.4知识点）

出入口控制系统一般包括数据库软件、道闸调试软件、信息同步软件和系统管理软件等，实现对出入口控制系统的智能管理。

①数据库软件主要用于出入口控制系统各种数据信息的存储和调用；

②道闸调试软件用于一体化控制板的调试与基本功能设置；

③信息同步软件可完成系统相关设备的添加和参数设置，系统信息的实时显示和同步等功能；

④系统管理软件主要用于系统相关目标人员信息的管理。

（5）出入口控制系统常用的工具有哪些？并说明其使用时的注意事项（至少列出5个）。（参考2.5知识点）

万用表，是一种多功能、多量程的便携式仪表，是停车场系统工程布线和安装维护不可缺少的检测仪表。一般万用表主要用以测量电子元器件或电路内的电压、电阻、电流等数据，方便对电子元器件和电路的分析诊断。

多用剪，用于裁剪相对柔性的物件，如线缆护套或热缩套管等，不可用多用途剪裁剪过硬的物体或缆线等。

网络压线钳，主要用于压制水晶头，可压制RJ-45和RJ11两种水晶头。另外网络压线钳还可以用来剪线剥线。

旋转剥线器，用于剥开线缆外皮，安装有能够调节刀片高度的螺丝，用内六方工具旋转螺丝，调节刀片高度，适用不同直径的线缆外护套，既能划开外护套，又不能损伤内部电线。

专业剥线钳，用于剥开细电线的绝缘层，剥线钳有不同大小的豁口以方便剥开不同直径的电线。

尖嘴钳，用以夹持或固定小物品，也可以裁剪铁丝或一般的电线等。

斜口钳，主要用于剪切导线，元器件多余的引线，还常用来代替一般剪刀剪切绝缘套管、尼龙扎线卡等。

螺丝刀，是紧固或拆卸螺钉的工具，是电工必备的工具之一，有一字口和十字口两种，分别用以拆装平口螺丝和十字口螺丝。

单元3　出入口控制系统工程常用标准

1. 填空题（10题，每题2分，合计20分）

（1）图样、标准　　　　　　　　　（2）出入口控制

（3）"CCC"标志、合格证　　　　　（4）对准、太阳光

（5）出入目标识读装置　　　　　　（6）目标

（7）人员疏散　　　　　　　　　　（8）现场报警、声光提示

（9）1、4　　　　　　　　　　　　（10）电源浪涌保护器、信号浪涌保护器

2. 选择题（10题，每题3分，合计30分）

（1）B　　　　　（2）B　　　　　（3）D、B　　　　　（4）A、D

（5）ABCD　　　（6）ABCD　　　（7）C　　　　　　（8）B

（9）ABCD　　　（10）C、A、B、D

3. 简答题（5题，每题10分，合计50分）

（1）概述标准对要求严格程度不同的用词说明。（参考3.1.2知识点）

① 表示很严格，非这样做不可的，正面词采用"必须"，反面词采用"严禁"。

② 表示严格，在正常情况下均应这样做的，正面词采用"应"，反面词采用"不应"或"不得"。

③ 表示允许稍有选择，在条件许可时首先应这样做的，正面词采用"宜"，反面词采用"不宜"。

④ 表示有选择，在一定条件下可以这样做的，采用"可"。

⑤ 标准条文中指明应按其他有关标准执行的写法为"应符合……的规定"或"应按……执行"。

（2）GB 50606—2010《智能建筑工程施工规范》中，"安全防范系统"中对出入口控制系统的施工要求主要包括哪几方面？（参考3.3.2知识点）

① 施工准备。

② 设备安装。

③ 质量控制。

④ 系统调试。

⑤ 自检自验。

⑥ 质量记录。

（3）出入口控制系统的设备选型应符合哪些要求？（参考3.6.5知识点）

① 防护对象的风险等级、防护级别、现场的实际情况、通行流量等要求。

② 安全管理要求和设备的防护能力要求。

③ 对管理/控制部分的控制能力、保密性的要求。

④ 信号传输条件的限制对传输方式的要求。

⑤ 出入口目标的数量及出入口数量对系统容量的要求。

⑥ 与其他系统集成的要求。

（4）出入口控制系统功能及性能要求主要包括哪些方面？（参考3.7.3知识点）

① 控制要求。

② 指示通告要求。

③ 识别要求。

④ 胁迫功能要求。

⑤ 优先控制功能要求。

⑥ 通信要求。

⑦ 系统自我保护要求。

⑧ 电源要求。

⑨ 防雷接地要求。

（5）请写出出入口控制系统工程常用的主要标准，按照标准编号-年号、标准全名顺序填写，至少写5个，每个2分。（参考3.1.3知识点）

① GB 50314—2015《智能建筑设计标准》

② GB 50606—2010《智能建筑工程施工规范》

③ GB 50339—2013《智能建筑工程质量验收规范》

④ GB 50348—2018《安全防范工程技术标准》

⑤ GB 50396—2007《出入口控制系统工程设计规范》

⑥ GB/T 37078—2018《出入口控制系统技术要求》

⑦ GA/T 74—2017《安全防范系统通用图形符号》

单元4　出入口控制系统工程设计

1. 填空题（10题，每题2分，合计20分）

（1）准确性与实时性

（2）功能需求

（3）物防、技防

（4）现场勘察报告

（5）名称、主要技术参数

（6）不通过、整改意见

（7）方案论证、初步文件

（8）点数统计表

（9）系统图

（10）施工进度表

2. 选择题（10题，每题3分，合计30分）

（1）C　　　　　（2）ABCD　　　　　（3）ACD　　　　　（4）ABCD

（5）C （6）A （7）B （8）ABCD

（9）D （10）ABC

3. 简答题（5题，每题10分，合计50分）

（1）出入口控制系统工程的主要设计流程包括哪些内容？（参考4.1.2知识点）

① 编制设计任务书。

② 现场勘察。

③ 初步设计。

④ 方案论证。

⑤ 深化设计。

（2）出入口控制系统工程的设计任务书应包括哪些内容？（参考4.2.1知识点）

① 任务来源。

② 政府部门的有关规定和管理要求。

③ 建设单位的安全管理现状与要求。

④ 工程项目的内容和要求。

⑤ 工程投资控制数额及资金来源。

（3）现场勘察一般包括哪些内容？（参考4.2.2知识点）

① 调查建设对象的基本情况。

② 调查和了解建设对象所在地及周边的环境情况。

③ 调查和了解建设区域内与工程建设相关的情况。

④ 调查和了解建设对象的开放区域的情况。

⑤ 调查和了解重点部位和重点目标的情况。

（4）出入口控制系统在进行方案论证时需论证哪些内容？（参考4.2.4知识点）

① 系统设计内容是否符合设计任务书和合同等要求。

② 系统现状和需求是否符合实际情况。

③ 系统总体设计、结构设计是否合理准确。

④ 系统功能、性能设计是否满足需求。

⑤ 系统设计内容是否符合相关的法律法规、标准等的要求。

⑥ 实施计划与工程现场的实际情况是否合理。

⑦ 工程概算是否合理。

（5）出入口控制系统的主要设计内容有哪些？（参考4.3知识点）

① 系统建设需求分析。

② 编制系统点数表。

③ 设计出入口控制系统图。

④ 施工图设计。

⑤ 编制材料统计表。

⑥ 编制施工进度表。

单元5 出入口控制系统工程施工安装

1. 填空题（10题，每题2分，合计20分）

（1）可靠性、长期寿命 （2）施工方案、施工质量标准

（3）路由标志 （4）设计图纸

（5）不破坏 （6）适当余量

（7）密封防水 （8）抗压

（9）型号、规格 （10）固定牢固

2. 选择题（10题，每题3分，合计30分）

（1）ABCD （2）B、C （3）B （4）C、B

（5）B （6）B、D （7）A、A （8）C

（9）B （10）C

3. 简答题（5题，每题10分，合计50分）

（1）系统施工前，应对工程使用的材料、部件和设备进行哪些检查？（参考5.1知识点）

① 按照施工材料表对材料进行分类清点。

② 各种部件、设备的规格、型号和数量应符合设计要求。

③ 产品外观应完整、无损伤和任何变形。

④ 有源设备均应通电检查各项功能。

（2）简述管路敷设的一般顺序。（参考5.2.1知识点）

① 先地下管路后地上管路。

② 先大管路后小管路。

③ 先高压管路后低压管路。

（3）简述管道内线缆的敷设步骤。（参考5.2.3知识点）

第一步：研读图纸、确定出入口位置。

第二步：穿引线。

第三步：量取线缆。

第四步：线缆标记。

第五步：绑扎线缆与引线。

第六步：穿线。

第七步：测试。

第八步：现场保护。

（4）简述出入口控制系统设备的基本安装步骤。（参考5.4知识点）

第一步：通道闸定位。根据设计方案图纸，确定好通道闸要安装的位置、走向。确保地面平整，为斜坡面时一定要垫平坦，要和甲方沟通好确认安装位置。

第二步：开槽。走明线就不需要开槽，走暗线就需要在地面下方开槽，一般走2根PVC管，一根走强电，一根走弱电。

第三步：摆闸固定。固定摆闸位置，利用膨胀螺丝固定，水平对称，前后对称均匀一致，根据不同类型通道闸的特点，确认人行通道的宽度。

第四步：设备固定好后，用手轻推设备，确认设备固定牢固。

第五步：设备确认安装完毕后，连接设备之间的相关线缆，并做好线标。

（5）出入口控制系统的安装主要包括哪些设备的安装？（参考5.4内容）

① 供电设备的安装。

② 一体化控制板的安装。

③ 永磁直流电动机的安装。

④ 电磁限位控制器的安装。

⑤ 通行指示屏的安装。

⑥ 语音提示播放器的安装。

⑦ 红外对射探测器的安装。

⑧ 人脸识别机的安装。

⑨ RFID射频识别控制器。

⑩ 指纹识别控制器的安装。

单元6　出入口控制系统工程调试与验收

1. 填空题（10题，每题2分，合计20分）

（1）调试、检验
（2）施工方、专业技术人员

（3）通电检查
（4）分段、替换

（5）≤ 5
（6）一个月

（7）安装位置、设计文件
（8）随工验收单

（9）规范性
（10）再次组织验收

2. 选择题（10题，每题3分，合计30分）

（1）ABCD
（2）ABCD
（3）ABCD
（4）ABCD

（5）ACD
（6）D
（7）ABCD
（8）ABCD

（9）ABCD
（10）C

3. 简答题（5题，每题10分，合计50分）

（1）出入口控制系统调试应至少包括哪些内容？（参考6.1.1知识点）

① 应对照系统调试方案，对系统软硬件设备进行现场逐一设置、操作、调整、检查，其功能性能等指标应符合设计文件和相关标准规范的技术要求。

② 识读装置、控制器、执行装置、管理设备等调试。

③ 各种识读装置在使用不同类型凭证时的系统开启、关闭、提示、记忆、统计、打印等判别与处理。

④ 各种生物识别技术装置的目标识别。

⑤ 系统出入授权/控制策略，受控区设置、单/双向识读控制、防重入、复合/多重识别、防尾随、异地核准等。

⑥ 与出入口控制系统共用凭证或其介质构成的一卡通系统设置于管理。

⑦ 出入口控制子系统与消防通道门和入侵报警、视频监控、电子巡查等子系统间的联动或集成。

⑧ 指示/通告、记录/存储等。

⑨ 出入口控制系统的其他功能。

（2）简述出入口控制系统排除故障的方法和要点。（参考6.1.2知识点）

① 软件测试法。打开出入口控制系统配套的相关管理软件，可根据管理软件的相关信息提示，完成系统故障点的确认和处理。

② 硬件观察法。系统正常供电时，可根据各硬件设备的指示灯变化来完成故障点的确认和处理。

③ 排除法。一般采取分段、分级、替换、缩小范围方式，将故障范围缩小和确定在某一设备上面，让正常的设备使用，再排除故障。

（3）简述停车场系统工程的主要检验程序。（参考6.2.1知识点）

① 受检单位提出申请，并提交主要技术文件等资料。

② 检验机构在实施工程检验前应根据相关标准和提交的资料确定检验范围，并制定检验方案和实施细则。

③ 检验人员应按照检验方案和实施细则进行现场检验。

④ 检验完成后应编制检验报告，并做出检验结论。

（4）出入口控制系统验收有哪些判断依据，如何确认验收结论？（参考6.3知识点）

施工验收结果 K_S、技术验收结果 K_j、资料审查验收结果 K_Z。

① 系统工程的施工验收结果 K_S、技术验收结果 K_j、资料审查验收结果 K_Z 均大于或等于0.6，且 K_S、K_j、K_Z 中出现一项小于0.8的，应判定为验收基本通过。

② 系统工程的施工验收结果 K_S、技术验收结果 K_j、资料审查验收结果 K_Z 中出现一项小于0.6的，应判定为验收不通过。

（5）出入口控制系统资料审查内容包括哪些文件？至少填写10项。（参考6.3.4知识点）

申请立项的文件，批准立项的文件，项目合同书，设计任务书，初步设计文件，初步设计方案评审意见，深化设计文件和相关图纸，工程变更资料，系统调试报告，隐蔽工程验收资料，施工质量检验、验收资料，系统试运行报告，工程竣工报告，工程初验报告，工程竣工核算报告，工程检验报告，使用/维护手册，技术培训文件，竣工图纸。

单元7　出入口控制系统工程管理

1. 填空题（10题，每题2分，合计20分）

（1）质量管理、安全管理　　　　（2）事中控制

（3）工序质量　　　　　　　　　（4）计划、检查

（5）定期检查　　　　　　　　　（6）工程项目、人力

（7）安全教育　　　　　　　　　（8）带电、绝缘手套

（9）一份原件　　　　　　　　　（10）签到、施工的责任人

2. 选择题（10题，每题3分，合计30分）

（1）B、C　　　　（2）D　　　　（3）A　　　　（4）A、C

（5）ABCD　　　（6）ABCD　　　（7）B、D　　　（8）A、D

（9）C、A、D、B　　（10）A、C

3. 简答题（5题，每题10分，合计50分）

（1）质量控制一般分为哪三个阶段？（参考7.1知识点）

① 事前质量控制。事前质量控制指在工程项目正式施工前的质量控制，其控制的重点是做好施工前的各项审查工作。

② 事中质量控制。事中质量控制指施工过程中进行的质量控制，需要全面控制施工过程，重点控制工序质量。

③ 事后质量控制。事后质量控制指完成施工过程形成产品的质量控制

（2）出入口控制系统工程中哪些阶段易产生窝工现象？产生窝工的主要原因有哪些？如何

解决？（参考7.3知识点）

穿线阶段窝工的主要原因：管道疏通、线材供应。解决办法：项目负责人应在穿线施工前，安排好管路疏通和线材的准备工作。

接线阶段窝工的主要原因：粗心接错线、返工。解决办法：尽量安排细心的熟练技工进行。

调试、安装阶段窝工的主要原因：技术不熟练。解决办法：尽量安排一名技术丰富的调试工程师现场指导。

（3）简述项目信息管理主要内容。（参考7.5知识点）

① 项目基本信息：包括合同、施工图、预算与工程量清单、开工日期、竣工日期、质量保证起始日期和终止日期。

② 施工过程各类文件和记录：开工报告、竣工报告、试运行记录、移交清单、变更签证、质量验收记录、施工组织计划、技术文件、维保协议等。

③ 工程进度与结算文件：工程量报验审批单、变更签证审批单、付款申请单、收付款记录、工程量决算单。

④ 施工日志：记录每日进度与协调重要事项。

（4）请列出出入口控制系统工程常用的各类报表（参考7.6知识点）

① 施工进度日志。

② 施工人员签到表。

③ 施工事故报告单。

④ 工程开工报告。

⑤ 施工报停表。

⑥ 工程领料单。

⑦ 工程设计变更单。

⑧ 工程协调会议纪要。

⑨ 隐蔽工程阶段性合格验收报告。

⑩ 工程验收申请。

（5）请以学校出入口控制系统工程为例，按照表7-14模板，填写工程验收申请。（参考7.6知识点）

表7-14　工程验收申请

工程名称			工程地点		
建设单位			施工单位		
计划开工	年　月　日		实际开工	年　月　日	
计划竣工	年　月　日		实际竣工	年　月　日	
工程完成主要内容：					
提前或推迟竣工的原因：					
工程中出现和遗留的问题：					
主抄： 抄送： 报告日期：	施工单位意见： 签名： 日期：		建设单位意见： 签名： 日期：		

参 考 文 献

［1］王公儒. 综合布线工程实用技术［M］. 3版. 北京：中国铁道出版社有限公司，2020.

［2］王公儒. 网络综合布线系统工程技术实训教程［M］. 3版. 北京：机械工业出版社，2017.

［3］王公儒. 计算机应用电工技术［M］. 大连：东软电子出版社，2014.

［4］邓泽国. 智能楼寓出入口控制系统安装与调试［M］. 北京：电子工业出版社，2017.

［5］中华人民共和国住房和城乡建设部. 智能建筑设计标准［S］. 北京：中国计划出版社，2015.

［6］中华人民共和国住房和城乡建设部. 智能建筑施工规范［S］. 北京：中国计划出版社，2010.

［7］中华人民共和国住房和城乡建设部. 智能建筑工程质量验收规范［S］. 北京：中国建筑工业出版社，2013.

［8］中华人民共和国公安部. 安全防范工程技术标准［S］. 北京：中国计划出版社，2018.

［9］中华人民共和国公安部. 出入口控制系统工程设计规范［S］. 北京：中国计划出版社，2007.

［10］中华人民共和国公安部. 安全防范系统通用图形符号［S］. 北京：中国标准出版社，2017.

［11］中华人民共和国公安部. 出入口控制系统技术要求［S］. 北京：中国标准出版社，2018.